Militärtechnik in den Technik Museen Sinsheim Speyer

Uniformen • Waffen • Panzer • Kraftfahrzeuge • Lokomotiven • Flugzeuge

Technik
Museen Sinsheim Speyer

Inhalt

English Summaries

Fotografie, Texte, und Layout Dr. Hans-Jürgen Schlicht Multimedia & Print, Sinsheim.
Wir bedanken uns bei den zahlreichen Vereinsmitgliedern die bei diesem Buch mitgewirkt und uns historisches Bildmaterial zur Verfügung gestellt haben.

Liebe Leser, *Dear Readers,*

Das Technik Museum Sinsheim und das Technik Museum Speyer werden von einem gemeinnützigen Verein getragen dessen Aufgabe es ist, technische Kulturgüter der Nachwelt zu erhalten. Viele technische Neuerungen wurden aber nicht nur zivil, sondern auch militärisch genutzt. Die Militärtechnik nimmt daher in den Museen einen breiten Raum ein. Ziel dieses Buches ist es, dem militärhistorisch interessierten Leser einen umfassenden Überblick über die Militär-Exponate der Museen in Sinsheim und Speyer zu geben.

Grundsätzlich ist es das Bestreben der Museen, alle Exponate in einem möglichst funktionsfähigen Zustand zu erhalten. Bei Militärfahrzeugen ist dies naturgemäß nur sehr eingeschränkt möglich. Dort, wo es die Gesetzeslage erlaubt, haben wir dieses Prinzip aber bestmöglich umgesetzt. So sind z.B. die meisten militärischen Kraftfahrzeuge und Zugmaschinen, die in den Museen ausgestellt sind, voll fahrfähig. Der unten gezeigte VW-Schwimmwagen aus der Zeit des Zweiten Weltkriegs ist hierfür nur ein Beispiel. Bei einigen Exponaten finden Sie in diesem Buch Internetadressen mit den entsprechenden QR-Codes die zu Videos verlinken, in denen Sie die entsprechenden Museumsexponate in Aktion sehen können.

The Technology Museums in Sinsheim and Speyer are operated by a non profit making club which has dedicated itself to the preservation of all types of technical objects of cultural value. However, many technical innovations were not only used in a civilian but also in a military way. Thus, military technology plays an important role in the Museums. It is the aim of this book to give readers interested in military technology a comprehensive overview of which military exhibit items are on display in the Museums Sinsheim and Speyer.

The Museum tries its best to keep all exhibit items in a fully functional condition. It goes without saying that in case of military vehicles the possibilities to achieve this goal are restricted. However, where permitted by law we followed this principle in the best way possible. For instance, most of the military cars, trucks and tractors on display in the Museums are fully operational. The VW amphibious car shown in the pictures below is just one example. At some of the exhibit items described in this book you will find internet addresses and QR codes linking to videos which show the respective vehicles in action.

Viel Spaß beim Lesen wünscht Ihnen
I hope you enjoy reading this book

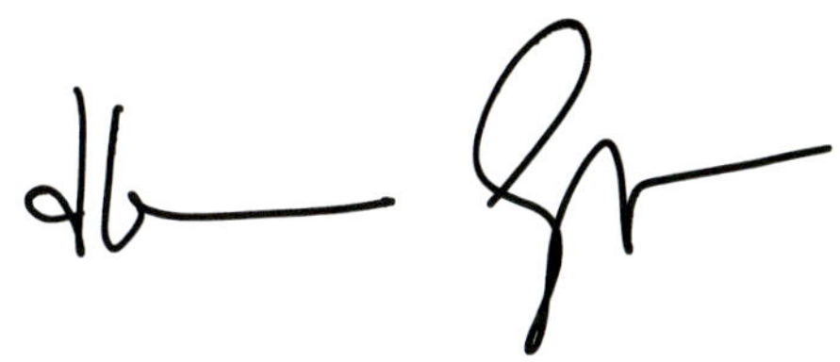

Hermann Layher
Museumspräsident / *President of the Museum*

Museumspräsident Hermann Layher am Steuer eines VW-Schwimmwagen aus der Museumsausstellung bei einer Ausfahrt auf dem Neckar.

Hermann Layher, President of the Museum, at the steering wheel of a VW amphibious car from the Museum during a ride on the river Neckar.

SINSHEIM
AIR FRANCE
FENSTER-SYSTEME
MUSEUM
MUSEUM SINSHEIM
IMAX 3D
IMAX 3D
www.technik-museum.de
OK

Das Technik Museum Sinsheim

Direkt an der A6 zwischen Mannheim und Heilbronn befindet sich das Technik Museum Sinsheim, das größte private Technikmuseum Europas. Auf über 30000 m^2 Hallenfläche und einem großen Freigelände präsentiert das Museum alle Bereiche der Technikgeschichte in einer Vielfalt, die weltweit einmalig ist. Rund 1 Million Besucher aus Deutschland und der ganzen Welt kommen jährlich nach Sinsheim, um die Ausstellung mit mehr als 3000 Exponaten zu besichtigen.

Bereits bei der Gründung im Jahr 1981 war die Militärtechnik ein wichtiger Bestandteil des Museums. Die meisten der in diesem Buch beschriebenen Militärexponate befinden sich daher in Sinsheim. Weltweit einmalig sind die beiden voll begehbaren, auf dem Museumsdach aufgestellten Überschall-Passagierflugzeuge »Concorde« und Tupolev 144. In keinem anderen Museum der Welt sind diese beiden Legenden der Luftfahrt Seite an Seite zu sehen. Neben zahllosen weiteren Ausstellungsstücken bietet das Technik Museum Sinsheim außerdem:

- einen begehbaren Dachbereich mit historischen Flugzeugen
- über 300 Auto-Oldtimer aus allen Epochen, darunter die größten Maybach- und Bugatti-Sammlungen in Deutschland sowie die weltweit größte Privatsammlung historischer Mercedes-Kompressorautomobile
- 200 Motorräder und 100 Renn- und Sportwagen mit der größten permanenten Formel-1-Ausstellung Europas
- 22 Lokomotiven sowie 150 Traktoren, Dampfmaschinen und LKWs
- das Weltrekordfahrzeug »The Blue Flame«

Öffnungszeiten und Anfahrt

Das Museum ist 365 Tage im Jahr von 9 - 18 Uhr geöffnet (am 24. und 31. Dezember verkürzte Öffnungszeiten). Es befindet sich unmittelbar an der A6 und ist mit dem Auto und mit öffentlichen Verkehrsmitteln leicht zu erreichen. Von den A6-Autobahnabfahrten Sinsheim (Nr. 33), sowie Sinsheim-Steinsfurt (Nr. 34) führt Sie eine gute Beschilderung direkt zu unseren kostenlosen PKW- und Busparkplätzen. Für Bahnreisende gibt es eine eigene DB-Haltestelle »Sinsheim-Museum« an der Bahnlinie Heilbronn-Heidelberg nur wenige Gehminuten vom Museum entfernt. Ferner hält der Stadtbus Sinsheim direkt vor dem Museumsgelände.

Sie wünschen weitere Informationen? Dann rufen Sie uns an (☎ 07261 / 9299-0), schicken Sie eine E-Mail an info@technik-museum.de oder besuchen Sie uns im Internet unter www.technik-museum.de

The Technik Museum Sinsheim

Directly next to the Autobahn A6, between the cities of Manheim and Heilbronn, you can find the Technik Museum Sinsheim, the largest privately operated technology museum in Europe. On 30000 m^2 indoor space and a large open air ground the museum presents all varieties of technological history in a diversity unknown in any other museum. Each year more than 1 million people from all over the world come to Sinsheim to visit the more than 3000 exhibit items.

Already at its foundation in 1981 the history of military technology was an important part of the Museum Sinsheim. Therefore, most of the military exhibit items described in this book are located in Sinsheim. Another truly unique sensation at the Museum Sinsheim are the two fully accessible supersonic passenger aircraft »Concorde« and Tupolev 144. There is no other museum in the world which shows these two legends of aviation history side by side. Besides these and countless other exhibit items the Technik Museum Sinsheim presents:

- *an accessible roof area with historic aircraft*
- *more than 300 vintage cars from all eras, amongst them the largest Maybach and Bugatti collections in Germany and the worldwide largest private collection of supercharged Mercedes cars*
- *200 motorcycles and 100 racing and sports cars including the largest permanent formula 1 exhibition in Europe*
- *22 locomotives as well as 150 tractors, steam engines and trucks*
- *the world record vehicle »The Blue Flame«*

Opening hours and arrival

The museum is open 365 days a year from 9 am to 6 pm (on 24 and 31 December shorter opening hours). It is located directly next to the Autobahn A6 and can be easily reached by car or public transport. From the A6 exits Sinsheim (Nr. 33) or Sinsheim-Steinsfurt (Nr. 34) signs will guide you to our large car and coach parking places which can be used at no charge. Just a few minutes' walk away from the museum is the train station "Museum / Arena" at the railway route Heilbronn-Heidelberg. There is also a bus stop for the Sinsheim city bus directly at the museum.

If you want more information please call us (☎ +49 (0)7261/ 9299-0), send an e-mail to info@technik-museum.de or visit us on the internet at www.technik-museum.de

BANDIT
33
SKOAL

Die Militärausstellung ist nur eine von mehreren Abteilungen des Technik Museum Sinsheim. Bild gegenüberliegende Seite: Die American Dream Car Ausstellung. Bilder oben: Blick auf die Sportwagen- und Oldtimerausstellung in der Halle 2 mit dem Weltrekordfahrzeug »The Blue Flame« im Hintergrund (links) und die Formel-1-Ausstellung (rechts). Bild links unten: Mercedes Limousinen mit Kompressormotor aus den 1930er Jahren. Im Hintergrund ein zu einem Generator umgebauter U-Boot-Motor aus der Zeit des 1. Weltkriegs.

The military exhibition is only one of several departments of the Technik Museum Sinsheim. Picture opposite page: The American Dream Cars exhibition. Pictures top: A view of the sports- and vintage car exhibition in hall 2 with the world record vehicle »The Blue Flame« in the background (left) and the Formula-1 exhibition (right). Picture bottom left: Mercedes cars with supercharged engines from the 1930s. In the background a U-boat engine from WW I which was converted to an electric power generator.

BOR-5
SOJUS TM-19

Das Technik Museum Speyer

Das Technik Museum Speyer befindet sich ca. 35 km von Sinsheim entfernt an der A61. Derzeit verfügt das Museum über mehr als 25 000 m^2 überdachte Hallenfläche und 150 000 m^2 Freigelände. Durch das riesige Freigelände ist es in Speyer möglich, den Besuchern außergewöhnliche Großexponate zu präsentieren. Den Anfang machte 1993 die U9, ein Unterseeboot der Bundesmarine mit einer Länge von 46 Metern und einem Gewicht von 466 Tonnen. 1999 folgte eine Antonov 22, dass bis heute größte in Serie gebaute Propellerflugzeug der Welt mit einer Spannweite von 64 Metern. Geschichte schrieb das Museum im Jahr 2003, als auf dem Museumsgelände eine Boeing 747 »Jumbo Jet« der Lufthansa auf einem riesigen Stahlgerüst aufgebaut wurde. Zwei spektakuläre neue Großexponate, die seit 2011 die Ausstellungen des Technik Museum Speyer bereichern, sind der Seenotkreuzer John T. Essberger der Deutschen Gesellschaft zur Rettung Schiffbrüchiger sowie ein Transall Transportflugzeug der Bundeswehr.

Den vorläufigen Höhepunkt der Museumsgeschichte markiert der Erwerb eines russischen BURAN Raumgleiters, dem Gegenstück zum amerikanischen Space Shuttle (Bild links). Außerhalb von Russland und Amerika ist die BURAN in Speyer der einzige Raumgleiter, der in einem Museum besichtigt werden kann. Neben der BURAN präsentiert das Technik Museum Speyer gemeinsam mit der SPACE EXPO e.V. die Raumfahrtausstellung »Apollo and Beyond«. Diese Ausstellung dokumentiert die spannende Entwicklung der bemannten Raumfahrt anhand einzigartiger Exponate. Weitere Schwerpunkte des Museum Speyer sind zivile und militärische Flugzeuge, Feuerwehrfahrzeuge, Oldtimer sowie Motorräder. Im angeschlossenen Museum Wilhelmsbau kann außerdem eine einmalige Ausstellung mit Uniformen und Waffen vorwiegend aus dem 18. Jahrhundert besichtigt werden.

Öffnungszeiten und Anfahrt

Das Museum ist 365 Tage im Jahr von 9 - 18 Uhr geöffnet (am 24. und 31. Dezember verkürzte Öffnungszeiten). Wenn Sie mit dem Auto anreisen, verlassen Sie die A61 bei der Ausfahrt Speyer und folgen Sie der Beschilderung »Dom / Museen«. Ausreichend Parkplätze für PKW und Busse sind vorhanden. Bahnreisende bringt der Speyerer City-Shuttle-Bus vom Hauptbahnhof Speyer direkt zum Museumsgelände.

Sie wünschen weitere Informationen? Dann rufen Sie uns an (☎ 06232 / 6708-0), schicken Sie eine E-Mail an info@technik-museum.de oder besuchen Sie uns im Internet unter www.technik-museum.de

The Technik Museum Speyer

The Technik Museum Speyer is about 35 km away from the Technik Museum Sinsheim. Currently the museum has more than 25 000 m^2 indoor space and over 150 000 m^2 outdoor area. The huge open air ground in Speyer makes it possible to show the visitors some extraordinary large exhibit items. The beginning was made in 1993 with the U9, a submarine of the German Navy with a length of 46 meters and a weight of 466 tons. In 1999 it was followed by the Antonov An-22, the largest propeller-driven aircraft built in series to date with a wing span of 64 meters. In 2003 the museum wrote history when a Boeing 747 »Jumbo Jet« of the Lufthansa was mounted on a gigantic steel scaffold erected on the premises of the museum. Two other large exhibit items which have complemented the exhibitions in Speyer during the year 2011 are the rescue cruiser John T. Essberger of the German Maritime Search and Rescue Service and a Transall transport aircraft of the German air force.

The high point of the history of the museum so far was the acquisition of a Russian BURAN orbiter, the counterpart of the US American space shuttle (picture left). Outside from Russia and the USA the BURAN in Speyer is the only space shuttle which can be visited in a museum. Besides the BURAN, in co-operation with SPACE EXPO e.V. the Technik Museum Speyer shows the space exhibition »Apollo and Beyond«. With the help of many unique exhibit items, this exhibition tells the exciting story of manned space flight. Other highlights in the Museum Speyer are civilian and military aircraft, fire engines, vintage cars and motorcycles. In addition, in the affiliated Museum Wilhelmsbau a unique exhibition showing uniforms and weapons mainly from the 18th century can be visited.

Opening hours and arrival

The museum is open 365 days a year from 9 am to 6 pm (on 24 and 31 December shorter opening hours). If you arrive by car leave the A61 at the exit Speyer and follow the signs leading to the direction »Dom / Museen«. Sufficient parking places for cars and coaches are available on the museum ground. If you arrive by train the Speyer city shuttle bus will take you directly to the museum.

If you want more information please call us (☎ +49 (0)6232/ 6708-0), send an e-mail to info@technik-museum.de or visit us on the internet at www.technik-museum.de

Lufthansa
D-ABYM
U.S. AIR FORCE
37
U.S. NAVY

Einige Impressionen aus dem Technik Museum Speyer. Gegenüberliegende Seite: Boeing 747 »Jumbo Jet«. Das Flugzeug ist voll zugänglich, selbst einer der Flügel kann begangen werden. Der »Jumbo Jet« in Speyer ist bis heute das einzige Großraumflugzeug das zerlegt und außerhalb eines Flugplatzes wieder aufgebaut wurde. Links oben: Unterseeboot U-9. Links Mitte: Seenotkreuzer John T. Essberger. Links unten: Das Transall Transportflugzeug bei der Ankunft im Museum. Rechts oben: Blick in die Liller Halle des Museums in der viele Oldtimer, Feuerwehrfahrzeuge, Motorräder und Flugzeuge gezeigt werden.

Some impressions from the Technik Museum Speyer. Opposite page: Boeing 747 »Jumbo Jet«. To date, the »Jumbo Jet« in Speyer is the only wide-bodied aircraft which was dismantled and reassembled again at a place outside from an airport. Top left: Submarine U-9. Left middle: Rescue cruiser John T. Essberger. Bottom left: The Transall transportation plane at its arrival in the museum. Top right: View into the Liller Halle of the museum which houses many vintage cars, fire engines, motorcycles and aircraft.

Das Museum Wilhelmsbau am Technik Museum Speyer

Das Museum Wilhelmsbau auf dem Gelände des Technik Museum Speyer versetzt die Besucher zurück in die Zeit um die Jahrhundertwende. In den hohen, aufwändig dekorierten Räumen mit ihren Stuckdecken, Parkettböden und Holzvertäfelungen werden der Glanz und die Noblesse einer Epoche spürbar, deren elegante Lebensart unsere Vorstellung von der »Guten alten Zeit« entscheidend geprägt hat.

Einer der größten Schätze, der im Museum Wilhelmsbau bewundert werden kann, ist die Sammlung Winkler, die neben zahlreichen anderen Exponaten eine einzigartige Kollektion von historischen Uniformen und Uniformteilen, Rangabzeichen, Orden, Helmen und alten Waffen umfasst, die schwerpunktmäßig im Umfeld der ehemaligen württembergischen und preußischen Armee angesiedelt sind. Des weiteren zeigt das Museum eine kleine Ausstellung von mittelalterlichen Waffen und Rüstungen, sowie eine kleine Militaria-Sammlung mit Exponaten aus der Zeit des zweiten Weltkrieg. Militärhistorisch interessierte Besucher sollten es daher auf keinen Fall versäumen, bei einem Besuch des Technik Museum Speyer auch einen Rundgang durch das Museum Wilhelmsbau zu unternehmen.

The Museum Wilhelmsbau at the Technik Museum Speyer

The Museum Wilhelmsbau on the premises of the Technik Museum Speyer takes visitors back to the turn of the century era. The high, lavishly decorated rooms with their stucco ceilings, parquet flooring and wainscoting are conveying an air of the glamour and noblesse belonging to an epoch whose elegant lifestyle was material in forming our picture of the „good old times".
One of the greatest treasures to be admired in the Museum Wilhelmsbau is the Winkler Collection which, besides many other exhibit items, contains a unique collection of historic uniforms and uniform parts, badges and insignia, medals, helmets and old weapons with main emphasis on objects associated with the former armies of Wuerttemberg and Prussia. In addition the museum shows a small collection of weapons and armors from the middle ages as well as a small exhibition with memorabilia from the time of World War II. Visitors interested in military history therefore should not miss to visit the Museum Wilhelmsbau during a tour of the Technik Museum Speyer.

Bild gegenüberliegende Seite links: Uniform eines württembergischen Hofbeamten. Außerdem zu sehen in dieser Vitrine sind mehrere seltene Helme, darunter ein preußischer Infanteriehelm mit Pickel von 1915 (direkt neben der Figur), die stählerne »Mütze« eines Garde-Grenadiers vom 1. Garde-Grenadier-Regiment (Preußen 1894; Mitte oben) und der Helm eines preußischen Garde-Dragoners aus der Zeit zwischen 1871 und 1918 (ganz rechts). Bild gegenüberliegende Seite rechts: »Kerkerraum« mit mittelalterlichen Rüstungen und Waffen. Bild diese Seite rechts: General der württembergischen Armee.

Picture opposite page left: Uniform of a courtier of Wuerttemberg. Also on display in this showcase are several rare helmets, amongst them a Prussian infantry helmet with spike (directly next to the figure), the steel »cap« of a guard grenadier, 1st Guard Granadier Regiment (Prussia 1894; middle top) and the helmet of a Prussian guard dragoon from the time between 1871 and 1918 (very right). Picture opposite page right: »Dungeon« with medieval armors and weapons. Picture this page right: General of the Wuerttemberg army.

Die auf diesen beiden Seiten gezeigten Vitrinen mit Uniformen und historischen Waffen geben einen Eindruck von der Vielfalt der militärhistorischen Exponate, die im Museum Wilhelmsbau gezeigt werden.

The showcases with uniforms and historical weapons shown on these two pages convey an impression of the diversity of exhibits of military history which are on display in the Museum Wilhelmsbau.

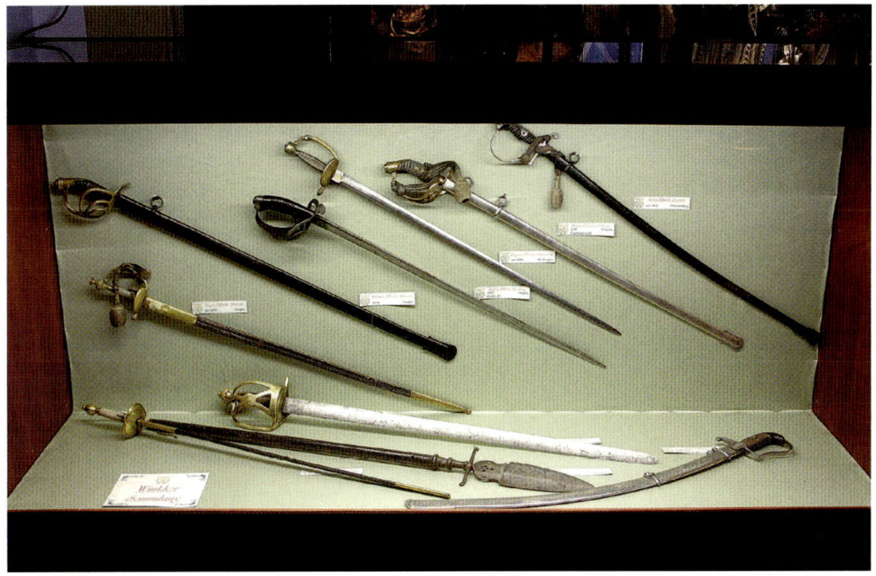

Panzerfahrzeuge

Das Technik Museum Sinsheim zeigt im Rahmen seiner militärhistorischen Ausstellung über 40 gepanzerte Fahrzeuge, die zwischen den 1930er und den 1970er Jahren gebaut wurden. Die Exponate aus der Zeit des Zweiten Weltkriegs ermöglichen einen technischen Vergleich der wichtigsten deutschen, russischen und amerikanischen Panzer, die sich zwischen 1939 und 1945 gegenüberstanden. Die Panzer aus der Nachkriegszeit demonstrieren die Weiterentwicklung der Panzertechnik während des Kalten Krieges. Um den Museumsbesuchern eine bessere Einordnung der gezeigten Exponate zu ermöglichen, sollen in diesem einleitenden Kapitel die Geschichte der Panzerfahrzeuge sowie die wesentlichen technischen Eigenschaften kurz zusammengefasst werden.

Panzer wurden erstmals gegen Ende des Ersten Weltkriegs in größerer Zahl eingesetzt. Führend im Panzerbau waren zu dieser Zeit Frankreich und England, wo man bereits 1902 Raupenfahrzeuge für den landwirtschaftlichen Einsatz gebaut hatte. Diese wurden mit der Tarnbezeichnung »Tank« versehen, ein Begriff, der sich bis heute erhalten hat. An der Westfront waren die Kampfhandlungen bereits 1914 in einen Stellungskrieg übergegangen. Ab 1916 wurden von britischer und französischer Seite zahlreiche Versuche unternommen, die deutschen Stellungen mit Hilfe von Panzerfahrzeugen zu überwinden, allerdings mit nur begrenztem Erfolg. Die Gründe hierfür waren vielfältig. Zum einen waren die damaligen Panzer groß, langsam und nur schwach gepanzert, und daher ein leichtes Opfer für die Artillerie. Zum anderen wurden sie anfangs in zu geringer Zahl und auf ungeeignetem Gelände eingesetzt. Dies führte insbesondere auf deutscher Seite zu der Überzeugung, dass Panzer für die Kriegsführung grundsätzlich ungeeignet seien, eine Auffassung, die der eher fortschrittsfeindlichen Grundhaltung der meisten Offiziere entgegenkam. Dabei zeigte die berühmte Panzerschlacht von Cambrais im November 1917 sehr wohl, dass Panzer auch stark befestigte Stellungen durchstoßen können, wenn sie in großer Zahl eingesetzt werden. Allerdings scheiterte der Angriff auch hier, da die durch die Panzer gemachten Geländegewinne aufgrund mangelnder Infanterieunterstützung nicht gehalten werden konnten. Wenn somit den Panzern im Ersten Weltkrieg auch keine kriegsentscheidende Bedeutung zukam hatten sie doch gezeigt, wozu diese neue Waffe fähig war und wie man sie einsetzen musste.

In der Zeit nach dem Ersten Weltkrieg untersagte der Versailler Vertrag Deutschland den Besitz und die Verwendung von gepanzerten Fahrzeugen mit der Ausnahme weniger Polizeifahrzeuge. Ab 1925 begannen aber mehrere Firmen unter strengster Geheimhaltung dennoch mit der Arbeit an entsprechenden Fahrzeugen. Um die alliierte Kontrollkommission zu umgehen, erfolgte die Erprobung der Fahrzeuge und die Ausbildung der Mannschaften in einer geheimen Teststation in Kazan in der Sowjetunion, die als Teil der geheimen Vereinbarungen des deutsch-russischen Vertrags von Rapallo eingerichtet wurde. 1934 lief die Serienproduktion

Oben links: Die ersten Panzer entstanden auf der Basis solcher, für die Landwirtschaft konstruierten Raupenfahrzeuge. Oben rechts: Vom ersten deutschen Panzer A7V wurden nur 20 Stück gebaut, da man von der Brauchbarkeit der neuen Waffe nicht überzeugt war.

Panzer I (oben), Panzer II (unten) und Panzer IV (rechts). Die ersten Kampfpanzer der Wehrmacht waren nur leicht gepanzert und bewaffnet. Der Panzer I verfügte über 2 MG, der Panzer II hatte 1 MG und eine 2-cm-Kanone. Der Panzer IV besaß zunächst eine kurze 7,5-cm-Kanone, da er in erster Linie als Unterstützungspanzer für die Infanterie gedacht war. Erst später erhielt er eine panzerbrechende lange Kanone.

des Panzer I an, einem nur leicht gepanzerten Kampfwagen, der mit zwei Maschinengewehren bewaffnet war. 1935 folgte der ebenfalls nur leicht gepanzerte Panzer II, der neben einem MG bereits über eine 2-cm-Kanone verfügte. Eine erhebliche Stärkung der deutschen Panzerwaffe ergab sich 1939 durch die Besetzung der Tschechoslowakei, bei der nicht nur die ca. 400 Panzer der tschechischen Armee, sondern auch deren Fabrikationsstätten in deutsche Hand fielen. Hier ist in erster Linie die Firma Praga und der von ihr gebaute Kampfwagen TNHP zu nennen, eine sehr robuste Konstruktion mit einer 3,7-cm-Kampfwagenkanone (KwK) und zwei Maschinengewehren (MG). Er wurde als Modell 38(t) - das »t« steht für »tschechisch« - von der Wehrmacht in großer Zahl eingesetzt. Der erste Panzer aus deutscher Produktion mit einer panzerbrechenden Kanone war der ab 1936 gebaute Panzer III, der zunächst mit einer 3,7-cm-Kanone, ab 1940 mit einer 5-cm- und ab 1942 mit einer 7,5-cm-Kanone ausgerüstet wurde. Nur der ebenfalls ab 1936 gebaute Panzer IV verfügte von Anfang an über eine 7,5-cm-Kanone.

Zu Beginn des Zweiten Weltkriegs befand sich die deutsche Panzertruppe noch im Aufbau. Insbesondere gab es nur wenige einsatzfähige Panzer III und IV. Die schnellen Erfolge während der ersten beiden Kriegsjahre waren nur möglich, weil die gegnerischen Truppen auch nicht besser ausgestattet und in Bezug auf Ausbildung und Taktik unterlegen waren. Von besonderem Vorteil war, dass alle deutschen Panzer über Funkgeräte verfügten und dadurch Ziele gemeinsam bekämpfen konnten. Des weiteren erwies sich der gleichzeitige Einsatz von Panzern und Kampfflugzeugen als äußerst erfolgreich.

Überzeugt von der eigenen Überlegenheit verzichtete die Wehrmachtsführung auf eine konsequente Verstärkung der Panzertruppe. Bis zum

Beginn des Russlandfeldzugs im Juni 1941 blieb ihre Ausstattung weitgehend unverändert. Von den rund 3100 Panzern, die von der Deutschen Wehrmacht gegen Russland aufgeboten wurden, waren ca. 1700 vom Typ 38(t) sowie Panzer I und Panzer II und nur 1400 Panzer III und Panzer IV. Auf deutscher Seite rechnete kaum jemand damit, dass die russische Armee über moderne Panzer verfügte. Entsprechend schlecht war auch die Ausrüstung mit Panzerabwehrkanonen, die überwiegend aus 3,7-cm-Geschützen bestand. Um so größer war die Überraschung, als sich die deutschen Truppen plötzlich dem T-34 gegenübersahen, der aufgrund seiner hervorragenden Panzerung nur mit Geschützen ab einem Kaliber von 7,5 cm wirksam bekämpft werden konnte.

In erster Linie als Reaktion auf den T-34 wurde in Deutschland mit der Entwicklung größerer und besser bewaffneter Panzer begonnen. So entstanden der Panzer V »Panther« (eingesetzt ab Sommer 1943) und der »Tiger 1« bzw. der »Tiger 2«, letzterer auch als »Königstiger« bezeichnet. Viel ist über die Überlegenheit dieser Panzer in Bezug auf den T-34 geschrieben worden. Tatsache ist, dass sich die deutschen Panzertruppen spätestens mit dem massenhaften Einsatz des T-34 ab 1943 überwiegend in der Defensive befanden. Alle Neukonstruktionen entstanden unter großem Zeitdruck und hatten daher mit erheblichen technischen Problemen zu kämpfen. Des weiteren begrenzten grundsätzliche Mängel wie das zu große Gewicht bei den »Tiger«-Modellen, die komplizierte Technik, die zu geringen Produktionszahlen, Ersatzteilmangel und ganz besonders der extreme Benzinverbrauch den militärischen Wert. Neben der Ersatzteilversorgung ist der Treibstoffnachschub das größte logistische Problem der Panzerwaffe. Speziell im Gelände ist der Treibstoffverbrauch eines Panzers enorm hoch. Der militärische Nutzen von Panzerverbänden ist daher entscheidend von der Treibstoffversorgung abhängig. So verbrauchte ein »Tiger 2« im Gelände bis zu 1000 Liter Benzin pro 100 km, was trotz des Tankinhalts von 860 Litern alle 90 Kilometer ein Nachtanken erforderte. Der T-34 mit seinem sparsamen Dieselmotor hatte dagegen eine Reichweite von bis zu 400 km. Aufgrund der großen Bedeutung werden später bei den technischen Daten für den Treibstoffverbrauch und die Reichweite meist zwei Werte angegeben, wobei der erste für Straßen- und der zweite für Geländefahrt gilt.

Auch für die deutschen Panzerabwehrverbände war der T-34 zunächst ein übermächtiger Gegner. In Verkennung der gegnerischen Stärke waren die deutschen Truppen mit völlig unzulänglichen 3,7- und 5-cm-Pan-

Der »Marder II« (links), hier ein Exemplar mit einer russischen 7,62-cm-Pak, erwies sich als ein effizientes Gerät zur Panzerabwehr. Der rechts gezeigte »Sturmtiger« mit 60 Tonnen Gewicht und einem 38-cm-Raketenwerfer ist dagegen eher ein Beispiel für die vielen übertriebenen Konstruktionen der Wehrmacht in den letzten Kriegsjahren, die eher der Gigantomanie der Heeresleitung als den praktischen Erfordernissen der kämpfenden Truppe entsprachen.

zerabwehrkanonen (Paks) in den Kampf geschickt worden. Es erscheint ironisch, dass anfangs neben den in viel zu geringer Zahl vorhandenen 8,8-cm-Flugabwehrkanonen (Flak) die erbeuteten russischen 7,62-cm-Paks am besten zur Bekämpfung der russischen Panzer geeignet waren.

Neben dem zu geringen Kaliber war die Beweglichkeit der Paks ein großes Problem. Die Geschütze wurden von Zugmaschinen oder von Pferden gezogen, was einen schnellen Stellungswechsel meist unmöglich machte. Auch der Transport durch unwegsames Gelände war extrem schwierig. Um die Panzerabwehr möglichst schnell zu verstärken, montierte man als »Sofortlösung« 7,62- bzw. 7,5-cm-Paks auf die in großer Zahl vorhandenen Fahrgestelle der kaum noch brauchbaren Panzer II und 38(t). Ein leichtes, nach oben offenes Splitterschild schützte die Besatzung vor leichten Schusswaffen. Diese eher improvisierten Fahrzeuge wurden als »Panzerjäger« bezeichnet.

Da sich das zunächst aus der Not heraus geborene Konzept der selbstfahrenden Panzerabwehrgeschütze hervorragend bewährte, wurden ab 1944 speziell für die Panzerabwehr konstruierte Fahrzeuge mit wesentlich verbesserter Panzerung gebaut, bei denen die Paks direkt in die Panzerwanne integriert waren. Beispiele hierfür sind die weiter unten gezeigten Jagdpanzer »Hetzer« und »Jagdpanther«.

Im Grund genommen war das Konstruktionsprinzip der Jagdpanzer, ein Panzerfahrgestell ohne Turm mit integrierter Kanone, nicht neu sondern entsprach dem der Sturmgeschütze. Schon ab 1940 wurde z.B. das auf dem Fahrgestell des Panzer III basierende Sturmgeschütz III mit großem Erfolg eingesetzt. Die gebauten Stückzahlen waren jedoch gering, da die Produktion von Kampfpanzern absoluten Vorrang hatte. Erst ab 1942, als der Panzer III nur noch von geringem militärischem Wert war, wurde die Produktion auf eine besser zur Panzerabwehr geeignete Version des Sturmgeschütz III, als Sturmgeschütz 40 bzw. 42 bezeichnet, umgestellt.

Weitere Versuche, die Beweglichkeit der Artillerie durch die Verwendung von Selbstfahrlafetten zu verbessern, kamen über Ansätze nicht hinaus. Beispiele sind u.a. die weiter unten gezeigte 15-cm-Panzerhaubitze »Hummel« und ein Flak-Panzer, beide auf Basis des Panzer-IV-Fahrgestells.

Trotz der gelungenen Konstruktion erwiesen sich die Sturmgeschütze, Panzerjäger und Jagdpanzer aufgrund der zu geringen Zahl einsatzfähiger Fahrzeuge als nicht ausreichend, um der Übermacht der gegnerischen Panzer auf Dauer standhalten zu können. Insbesondere bei der Infanterie bestand daher ein dringender Bedarf an leicht zu transportierenden Waffen zur Panzernahbekämpfung, die jederzeit in großen Stückzahlen verfügbar waren. Zunächst wurden von den Infanteristen Panzerminen, gebündelte Handgranaten (»geballte Ladung«) und magnetische Hafthohlladungen verwendet. Ab Sommer 1943 kam die legendär gewordene »Panzerfaust« zum Einsatz, ein Hohlladungsgeschoss mit Raketenantrieb, das aus einem Rohr mit einer einfachen Visiereinrichtung abgeschossen wurde. Bei

Links: Der T-34 wurde an der Ostfront schnell zum Schrecken der deutschen Truppen. Rechts: Als schon alles verloren war, wurden alte Männer und Kinder zu Fuß oder auf Fahrrädern nur mit Panzerfäusten bewaffnet an die Front geschickt.

den ersten Modellen betrug die effektive Reichweite 30 Meter (»Panzerfaust 30«), bei den späteren Ausführungen 60 Meter (»Panzerfaust 60«). Da die Bedienung der »Panzerfaust« nur wenig Übung erforderte, wurden in den letzten Kriegsmonaten Kinder und alte Männer zu Fuß oder auf Fahrrädern mit Panzerfäusten bewaffnet an die Front geschickt. Ein Akt der Verzweiflung, der militärisch nichts Entscheidendes mehr bewirkte und Tausenden das Leben gekostet hat.

Eine weitere wichtige Waffe zur Panzernahbekämpfung war ab 1944 der den amerikanischen »Bazookas« nachempfundene »Panzerschreck« (auch als »Ofenrohr« bezeichnet), eine im Gegensatz zur »Panzerfaust« wiederverwendbare Panzerbüchse, die von zwei Soldaten bedient wurde und stärkere Hohlladungsgeschosse abfeuern konnte.

Die Jahrzehnte nach dem Ende des Zweiten Weltkriegs waren geprägt von einem gewaltigen Wettrüsten, in dessen Verlauf sowohl auf Seiten der NATO als auch von den Staaten des Warschauer Paktes riesige Waffenarsenale aufgebaut wurden. In Deutschland begann der Neuaufbau der Streitkräfte 1955 mit der Gründung der Bundeswehr. Die Erstausstattung erfolgte überwiegend mit amerikanischem Gerät wie dem M41 »Walker Bulldog« oder dem M47 »Patton«. Später bildete der »Leopard« das Rückgrat der Panzerwaffe. Auf dem Höhepunkt des »Kalten Krieges« standen auf Seiten der NATO 7000 Kampfpanzer 19000 Kampfpanzern des Warschauer Paktes gegenüber. Mit dem Zerfall der Sowjetunion reduzierten sich diese Zahlen drastisch. Ein großer Teil der »Leopard« Panzer wurde ausgemustert oder an befreundete Staaten verkauft. Von den 2437 an die Bundeswehr gelieferten »Leopard 1« ist in Deutschland keiner mehr im Dienst. Die letzten wurden im Jahr 2003 ausgemustert. Von den 2125 »Leopard 2« waren 2012 nur noch 225 bei der Bundewehr aktiv.

Der »Leopard 1« war die erste deutsche Neuentwicklung eines Kampfpanzers nach dem Zweiten Weltkrieg.

Abschließend sollen noch einige grundlegende Begriffe definiert werden, die üblicherweise zur Klassifizierung der unterschiedlichen Panzerarten dienen. Je nach Verwendungszweck können folgende Typen unterschieden werden, wobei die Übergänge teilweise fließend sind:

- Kampfpanzer
- Jagdpanzer
- Spähpanzer
- Schützenpanzer
- Artilleriepanzer
- Bergepanzer

Kampfpanzer sind schwer gepanzerte und stark bewaffnete Fahrzeuge, die für alle Kampfarten der Panzertruppe verwendet werden können.

Jagdpanzer dienen hauptsächlich der Panzerabwehr. Es kann sich um kleine und nur leicht gepanzerte aber auch um große, stark gepanzerte Typen handeln, die mit Kanonen oder Raketen bewaffnet sind.

Spähpanzer dienen der Aufklärung des Gefechtsfeldes. Es kann sich um Rad- oder Kettenfahrzeuge handeln. Sie sollten möglichst schnell und wendig sein, über ein leistungsfähiges Funkgerät und über optische und elektronische Geräte zur Feindaufklärung verfügen. Die Kampfkraft ist von untergeordneter Bedeutung.

Schützenpanzer sind leicht bis mittelstark gepanzerte Rad- oder Kettenfahrzeuge, die für den Kampf der Panzergrenadiere bestimmt sind. Ihre Aufgabe besteht in erster Linie darin, Infanterieeinheiten vor dem Beschuss leichter Waffen geschützt in das Kampfgebiet zu transportieren und ihnen im Kampf Feuerunterstützung zu geben.

Artilleriepanzer sind selbstfahrende Geschütze, die auf Panzerfahrgestellen aufgebaut sind.

Bergepanzer werden benötigt, um liegen gebliebene Panzer abzuschleppen. Ein großer Teil der Materialverluste der Panzertruppe wird nicht durch vernichtende Treffer sondern durch Defekte oder leichtere Beschädigungen verursacht. Aufgrund ihres enormen Gewichts können solche fahrunfähigen Panzer nur durch spezielle Bergepanzer geborgen werden. Üblicherweise handelt es sich um Panzerfahrgestelle, die mit Kränen und Seilwinden ausgestattet und in Bezug auf Gewicht und Motorkraft mit den Panzern, die sie bergen sollen, vergleichbar sind.

Leichter tschechischer Panzerkampfwagen mit Wintertarnung

In der Zeit zwischen den Weltkriegen entwickelte sich in der Tschechoslowakei eine sehr aktive Rüstungsindustrie, die ihre Produkte in die ganze Welt exportierte. Eine der erfolgreichsten Konstruktionen war der mit einer 3,7-cm-Kanone und zwei MGs bewaffnete leichte Kampfpanzer TNHP, der von den Praga-Werken in Prag ab 1933 entwickelt und von 1937 an in Serie gebaut wurde. Bei der Besetzung der Tschechoslowakei im Jahr 1939 fielen den deutschen Truppen nicht nur die tschechischen Rüstungsfabriken, sondern auch die ca. 400 bei der tschechischen Armee eingesetzten Panzer in die Hände. Diese wurden in die deutsche Armee integriert und die Produktion des TNHP, jetzt als Panzerkampfwagen 38(t) bezeichnet, unter deutscher Kontrolle weitergeführt. Der im Museum gezeigte leichte Panzerkampfwagen mit Wintertarnung aus tschechischer Produktion ist ein modifizierter Typ »LTH«, der ursprünglich für die Schweizer Armee gebaut wurde.

In den ersten Kriegsjahren erwiesen sich die sehr robusten und zuverlässigen leichten tschechischen Panzer als unentbehrlich. Sie füllten die Lücke zwischen den leichten deutschen Panzern I und II und den mittleren Panzern III und IV. Insbesondere gelang es mit Hilfe des 38(t), die zu geringen Produktionszahlen der Panzer III und IV vorübergehend auszugleichen.

Ein wesentlicher Nachteil dieser Panzer war jedoch, dass die Panzerplatten, wie bei den Tanks des 1. Weltkriegs, nur vernietet waren. Dies genügt, um einen Panzer vor leichten Infanteriewaffen zu schützen, aber bereits Treffer durch kleinkalibrige Paks haben meist ein Aufplatzen der Nietverbindungen zur Folge. Wesentlich stabiler, aber auch aufwändiger in der Fertigung, sind geschweißte Panzerplatten. Die höchste Stabilität erreichen im Prinzip aus einem Stück gegossene Stahlteile, die aber ca. 10 % dicker und damit deutlich schwerer sein müssen als geschweißte Platten, um die gleiche Durchschusssicherheit zu gewährleisten. Die heutigen, mehrschichtigen Panzerplatten, die zum Schutz gegen Hohlladungen oft Zwischenschichten aus Keramikmaterial enthalten, werden verschweißt.

Welche Bedeutung der 38(t) für die Schlagkraft der deutschen Panzerwaffe hatte, wird deutlich, wenn man bedenkt, dass zu Beginn des Russlandfeldzugs rund ein Viertel aller deutschen Panzer von diesem Typ waren. Entsprechend groß war die Ernüchterung, als man erkennen musste, dass der 38(t) gegenüber dem T-34 beim direkten Aufeinandertreffen chancenlos war. Wie die Panzer I und II wurde der 38(t) daher ab dem Spätjahr 1941 fast nur noch als Unterstützungspanzer für die Infanterie oder als Spähpanzer eingesetzt. In dieser Funktion hat er sich aber noch viele Jahre gut bewährt. Von noch größerer Bedeutung war das äußerst gelungene Fahrgestell des 38(t), das als Waffenträger in vielfacher Form Verwendung fand, u.a. in Form des Panzerjägers »Marder III«. Erst 1944 wurde die Produktion des 38(t)-Fahrgestells eingestellt. Ein verbessertes Modell bildete die Grundlage für den Panzerjäger »Hetzer«. Aber selbst nach dem Ende des Zweiten Weltkriegs waren noch Fahrzeuge auf Basis des 38(t) im Einsatz. Ein Beispiel ist der links unten gezeigte schwedische Schützenpanzer, der erst in den 1960er Jahren ausgemustert wurde.

Technische Daten Panzerkampfwagen 38(t)
Besatzung: 4 Mann; Bewaffnung: eine 3,7-cm-Skoda-KwK und zwei MG-37; Panzerung: 12 - 25 mm (genietete Panzerplatten); Abmessungen: Länge 4,88 m, Breite 2,13 m, Höhe 2,13 m; Gewicht: 10 500 kg; Antrieb: wassergekühlter Praga 6-Zylinder-Benzinmotor mit 7,7 Litern Hubraum und 125 PS Leistung bei 2200 U/min.; Straßengeschwindigkeit: 42 km/h; Tankinhalt: 218 l; Verbrauch (100 km): 90 / 135 l; Fahrbereich: 240 / 160 km; Watfähigkeit: 0,9 m; Bauzeit: 1938 - 1942; Stückzahl: ca. 1 500

Dieser Schützenpanzer mit einem 38(t)-Fahrgestell war bei der schwedischen Armee bis in die 1960er Jahre im Einsatz.

Panzerjäger »Marder III« (7,5 cm Pak auf 38(t) - Fahrgestell)

Schon im Verlauf des Frankreich-Feldzugs hatte sich gezeigt, dass die Deutsche Wehrmacht nur über wenige Mittel zur Bekämpfung schwerer Panzer verfügte. Allein die 8,8-cm-Flak hatte sich bewährt. Dieses Geschütz war jedoch nur in geringen Stückzahlen vorhanden, sehr schwer und daher nur wenig beweglich und noch nicht einmal gegen Infanteriebeschuss geschützt. Umso unverständlicher erscheint es aus heutiger Sicht, dass die Paks nicht weiterentwickelt wurden. Zu Beginn des Russlandfeldzugs war die deutsche Armee noch immer überwiegend mit 3,7-cm-Geschützen ausgerüstet, die sich schon während des Spanischen Bürgerkriegs 1937 als viel zu feuerschwach erwiesen hatten. Mit dem ersten Auftreten des T-34 war klar, dass die Führung die Stärke der russischen Armee völlig falsch eingeschätzt hatte. Unter großem Zeitdruck wurden daher spezielle Panzerjäger entwickelt. Ein typisches Beispiel ist der hier gezeigte »Marder III« mit einer deutschen 7,5-cm-Pak auf einem 38(t)-Fahrgestell. Es ist bezeichnend, dass zum Bau der ersten Panzerjäger russische 7,62-cm-Paks verwendet werden mussten, da geeignete deutsche Paks nicht verfügbar waren. Anstatt ein vergleichbares Geschütz nachzubauen, wurde dann eine deutsche 7,5-cm-Pak neu entwickelt, was den Munitionsnachschub erschwerte, ohne einen militärischen Nutzen zu bringen.

Einer der größten Vorteile eines Panzerjägers im Vergleich zu einem herkömmlichen Panzerabwehrgeschütz ist die wesentlich bessere Beweglichkeit. Schon eine 3,7-cm-Pak wiegt 450 kg, eine 8,8-cm-Flak bereits rund 3500 kg. Einmal aufgebaut, lässt sich die Stellung eines solchen Geschützes unter Kampfbedingungen kaum noch wechseln. Mit einem Panzerjäger ist ein Stellungswechsel dagegen auch in schwierigem Gelände möglich. Des weiteren war die Besatzung durch das Splitterschild wenigstens vor leichten Infanteriewaffen geschützt.

Technische Daten Panzerjäger »Marder III«
Besatzung: 4 Mann; Bewaffnung: eine 7,5-cm- oder 7,62-cm-Pak und ein MG; Panzerung: 11 - 25 mm (genietete Panzerplatten); Abmessungen: Länge mit Rohr 5,68 m, Breite 2,15 m, Höhe 2,40 m; Gewicht: 10 800 kg; Antrieb und Beweglichkeit wie beim 38(t); Bauzeit 1942 - 1943; Stückzahl: ca. 762

Jagdpanzer 38(t) »Hetzer«

Obwohl sich die ersten Panzerjäger sehr gut bewährten, handelte es sich doch in erster Linie um Notlösungen. Insbesondere machte die schwache Panzerung, die im oberen Bereich nur aus einem Splitterschild bestand, die Panzerjäger anfällig für Feindbeschuss. Trotzdem begann man erst relativ spät mit der Entwicklung eines Spezialpanzers, der von Grund auf für die Panzerjagd konzipiert war und als »Jagdpanzer« bezeichnet wird. Das wichtigste Modell im Zweiten Weltkrieg war, neben dem Sturmgeschütz 40, der hier gezeigte Jagdpanzer »Hetzer«, der wie der 38(t) von der Firma Praga entwickelt wurde.

Die Grundlage des Fahrzeugs bildete ein modifiziertes 38(t)-Fahrgestell mit einem stärkeren Motor und breiteren Ketten, das auf das im Vergleich zum 38(t) deutlich höhere Gewicht des »Hetzer« ausgelegt war. Die Panzerung, die jetzt aus verschweißten Panzerplatten bestand, wurde wesentlich verstärkt und das Geschütz in die Panzerwanne integriert. Die Front- und Seitenwände sind stark geneigt, um auftreffende Geschosse möglichst gut abweisen zu können. Der Ansatz der Pak ist durch eine massive, abgerundete Blende, auch als »Saukopfblende« bezeichnet, geschützt. Ein Nachteil war der geringe Schwenkbreich der Kanone (11° nach rechts und 5° nach links) was häufig eine Drehung des Fahrzeugs erforderlich machte, um quer fahrende Ziele bekämpfen zu können.

Die robuste und bewährte Technik des 38(t) kombiniert mit der verstärkten Panzerung, der durchschlagkräftigen Kanone und der extrem niedrigen, geschossabweisenden Form der Panzerwanne machten den »Hetzer« zu einem der besten Jagdpanzer seiner Zeit. Obwohl die Auslieferung erst im Juni 1944 begann, konnten bis Kriegsende noch rund 2800 Einheiten fertig gestellt werden. Die Konzeption des »Hetzer« erwies sich als so gelungen, dass die Produktion nach Kriegsende wieder aufgenommen wurde. Überwiegend wurden diese Fahrzeuge zum Neuaufbau der tschechischen Armee verwendet. Ein Teil wurde aber auch exportiert. Unter anderem gingen 158 Stück an die Schweizer Armee, wo sie bis 1970 als Panzerjäger G 13 im Einsatz waren.

Technische Daten Jagdpanzer 38(t) »Hetzer«
Besatzung: 4 Mann; Bewaffnung: eine 7,5-cm-Pak und ein MG; Panzerung: 20 - 60 mm (geschweißte Panzerplatten); Abmessungen: Länge mit Rohr 6,27 m, Breite 2,63 m, Höhe 2,17 m; Gewicht: 16000 kg; Antrieb: wassergekühlter Praga 6-Zylinder-Benzinmotor mit 7,7 Litern Hubraum und 160 PS Leistung bei 2800 U/min.; Straßengeschwindigkeit: 42 km/h; Tankinhalt: 320 l; Verbrauch (100 km): 120 / 180 l; Fahrbereich: 260 / 170 km; Watfähigkeit: 1 m; Bauzeit: ab 1944; Stückzahl: ca. 2800

Obere Bildreihe: Panzer I (links und Mitte) und Panzer II (rechts). Untere Bildreihe: Panzer 38(t). Die ersten beiden Panzer aus deutscher Produktion nach dem Ersten Weltkrieg sowie der tschechische 38(t) waren nur leicht bewaffnet. Als Unterstützungspanzer für die Infanterie und als Spähpanzer leisteten sie aber gute Dienste. Aufgrund der fast mühelosen Erfolge während der »Blitzkriege« und dem Versagen der deutschen Spionage, die ein völlig falsches Bild von der Stärke der russischen Panzer lieferte, verzichtete man auf eine durchgreifende Verstärkung der Wehrmacht mit modernen Panzern und Panzerabwehrgeschützen und schickte so Hunderttausende Soldaten mit unzulänglicher Ausrüstung ins Verderben. Ähnlich verhängnisvoll war die schwarze Uniform der Panzertruppe, die fast wie eine SS-Uniform aussah. Viele Panzersoldaten, die die Zerstörung ihrer Fahrzeuge überlebten, wurden bei der Gefangennahme erschossen, da man sie für SS-Angehörige hielt.

Insbesondere in Russland erwies sich die zu geringe Motorisierung der Wehrmacht als schwerwiegender Nachteil. Das Bild links oben zeigt ein 10-cm-Feldgeschütz, gezogen von einem erbeuteten sowjetischen Raupenschlepper. Die Bedienungsmannschaft marschiert oder reitet nebenher. Meist gab es in Russland über Hunderte von Kilometern nichts als Schlamm und unbefestigte Wege. Das unter diesen Bedingungen selbst der eher improvisierte Panzerjäger »Marder« (Bild oben rechts) eine wesentliche Verbesserung der Panzerabwehr darstellte, versteht sich von selbst. Der komplett neu entwickelte Jagdpanzer »Hetzer« (mittlere Bildreihe) kam erst 1944 zum Einsatz. Dafür erwies sich seine Konstruktion als so gelungen, dass er auch nach 1945 bei zahlreichen Armeen eingesetzt wurde. Das linke und das mittlere Bild zeigen zwei äußerst seltene Aufnahmen eines an der Ostfront liegen gebliebenen »Hetzer«, die von russischen Aufklärungseinheiten aufgenommen wurden. Das Bild daneben zeigt einen »Hetzer« beim Einsatz an der Westfront. Das Bild unten links zeigt das im Museum ausgestellte Fahrzeug bei einer Vorführung im Jahr 1985, die aus Anlass des 40. Jahrestags des Kriegsendes durchgeführt wurde.

Panzerkampfwagen III, Ausführung »N«

Die Entwicklung des Panzer III begann 1935 durch Daimler-Benz. Er war als mittelschwerer Kampfpanzer mit panzerbrechender Kanone gedacht, der die Panzer I und II beim Kampf gegen schwerer gepanzerte Ziele unterstützen sollte. Bis zum Kriegsbeginn wurden aber nur knapp 100 Exemplare in vier Versionen (»A-D«) gebaut, die im Wesentlichen der Erprobung dienten. Erst Ende 1939 begann die Serienfertigung.

Diese Verzögerung dürfte zum Teil auf die große Anzahl erbeuteter tschechischer 38(t)-Panzer zurückzuführen sein. Nach einer Analyse der Mitte der 1930er Jahre bei den europäischen Armeen im Einsatz befindlichen Kampfpanzer (Amerika verfügte damals über keine nennenswerte Panzertruppe) war die deutsche Heeresleitung zu der Überzeugung gelangt, dass 3,7-cm-Kanonen zur Bekämpfung dieser Panzer ausreichten. Entsprechend wurden die Panzerabwehrverbände überwiegend mit 3,7-cm-Panzerabwehrkanonen ausgerüstet und auch die ersten Panzer III erhielten nur ein 3,7-cm-Geschütz. Diese Panzer entsprachen in ihrer Kampfkraft im Wesentlichen den 38(t), über die die Wehrmacht nach der Besetzung der Tschechoslowakei in großer Anzahl verfügen konnte.

Spätestens nach dem Frankreichfeldzug war jedoch offensichtlich, dass eine derart schwache Bewaffnung den Erfordernissen nicht mehr genügte. Da die für die Panzertruppe verantwortlichen Generäle von Beginn an eine stärkere Bewaffnung gefordert hatten, war der Turm des Panzer III von Daimler-Benz bereits für den Einbau einer größeren Kanone ausgelegt worden. Die Produktion konnte daher ohne Probleme auf ein 5-cm-Geschütz umgestellt werden, allerdings zunächst nur mit einem kurzen Rohr (Ausführungen »F-H«). Als sich dieses bereits zu Beginn des Russlandfeldzugs ebenfalls als nicht durchschlagskräftig genug erwies, erfolgte die Umstellung auf ein 5-cm-Geschütz mit langem Rohr (Ausführungen »J-M«). Hierzu eine grundsätzliche Anmerkung. Die Rohrlänge einer Kanone ist für die Austrittsgeschwindigkeit (V_0) und somit für die Durchschlagskraft und die Stabilität der Flugbahn eines Geschosses von entscheidender Bedeutung. Je länger das Rohr desto länger ist die Strecke, die zur Beschleunigung des Geschosses zur Verfügung steht. Mit steigendem V_0 erhöht sich aber auch der Rückstoß, der vom Turm bzw. vom Fahrgestell eines Panzers aufgenommen werden muss. Dieser kann durch eine Mündungsbremse vermindert werden.

In der letzten Ausführung »N« wurde der Panzer III schließlich mit einem 7,5-cm-Geschütz ausgerüstet, jetzt aber wieder mit kurzem Rohr, da die Konstruktion sonst überfordert gewesen wäre. Aufgrund der verminderten Reichweite der Kanone war dieses Modell aber eher als Unterstützungspanzer, wie der frühe Panzer IV, und weniger als Kampfpanzer geeignet. Der im Museum gezeigte Panzer III ist ein solches Modell »N« mit 7,5-cm-Kurzrohrkanone. 1943 wurde der Bau des Panzer III nach ca. 6000 Exemplaren eingestellt. Die Produktion der vom Panzer III abgeleiteten Sturmgeschütze (siehe nächste Seite) wurde dagegen bis Kriegsende fortgeführt. Aufgrund der Ähnlichkeiten dieser Sturmgeschütze mit dem Panzer III werden die technischen Daten dort zusammengefasst.

Diese kurze Zusammenfassung der Entwicklungsgeschichte des Panzer III steht stellvertretend für das Dilemma, dem sich die Deutsche Wehrmacht im Verlauf des Zweiten Weltkriegs zunehmend gegenübersah. Am Anfang waren die Erfolge fast mühelos, da die angegriffenen Länder für einen Krieg schlecht gerüstet waren. Die völlige Unterschätzung der russischen Stärke, und insbesondere der Kriegseintritt Amerikas, änderten dies grundlegend. Die Unzulänglichkeiten der eigenen Ausrüstung führten zu ständigen Umbauten und hektischen Neukonstruktionen, die in der Kürze der Zeit nicht gelingen konnten. So entstanden vom Panzer III innerhalb von drei Jahren nicht weniger als sieben Ausführungen und bei den meisten anderen Waffensystemen sah es nicht besser aus.

Sturmgeschütz 40 Ausführung »G« und Sturmhaubitze 42

Sturmgeschütze dienen der Unterstützung der Infanterie. Sie sollen Hindernisse niederwalzen und befestigte gegnerische Stellungen ausschalten, um so den Weg für die vorrückende Infanterie frei zu machen. Wie bei den Jagdpanzern handelt es sich um stark gepanzerte Fahrzeuge ohne Turmaufbau, bei denen die Kanone in die Panzerwanne integriert ist.

Obwohl vom Heer bereits 1935 gefordert, begann man erst 1940 Sturmgeschütze in größerer Zahl zu produzieren. Die Panzerproduktion blieb aber weiterhin vorrangig. Die meisten deutschen Sturmgeschütze basierten auf dem bewährten Fahrgestell des Panzer III. Die erste Version (Sturmgeschütz III) war dem Einsatzzweck entsprechend mit einer 7,5-cm-Kurzrohrkanone ausgerüstet. Die mit Abstand am häufigsten gebaute Version war aber das ab 1942 eingeführt Sturmgeschütz 40 mit einer 7,5-cm-Langrohrkanone. Das im Museum gezeigte Exemplar (Bild rechts oben) entspricht der letzten Ausführung »G« mit einer »Saukopfblende«, wie sie schon beim Jagdpanzer »Hetzer« beschrieben wurde. Da sich das Sturmgeschütz 40 hervorragend zur Panzerabwehr eignete, wurde es vorrangig für diesen Zweck verwendet, sodass erneut der Bedarf nach einem Artilleriepanzer für die Infanterie entstand. Diese Lücke wurde durch die Sturmhaubitze 42 geschlossen (Bild rechts unten), die mit einer kurzen 10,5-cm-Kanone ausgerüstet war.

Technische Daten

Panzer III Ausführung »N« Besatzung: 5 Mann; Bewaffnung: eine 7,5-cm-KwK L/24 und zwei MG; Panzerung: 30 - 50 mm; Abmessungen: Länge 5,56 m, Breite 2,95 m, Höhe 2,50 m; Gewicht: 23000 kg; Antrieb: wassergekühlter Maybach 12-Zylinder-Benzinmotor mit 11,9 Litern Hubraum und 300 PS Leistung bei 3000 U/min.; Straßengeschwindigkeit: 40 km/h; Tankinhalt: 320 l; Verbrauch (100 km): 230 / 350 l; Fahrbereich: 130 / 90 km; Watfähigkeit: 0,8 m; Stückzahl: 660 (Panzer III alle Versionen ca. 6000 Stück)

Sturmgeschütz 40 Besatzung: 4 Mann; Bewaffnung: eine 7,5-cm-StuK L/43 oder L/48 und ein MG; Gewicht: 23900 kg; Motorisierung wie beim Panzer III; Fahrbereich: 130 / 80 km; Stückzahl: 7900 (vom Vorgängermodell Sturmgeschütz III wurden nur 734 Stück gebaut!)

Sturmhaubitze 42 Besatzung: 4 Mann; Bewaffnung: eine 10,5-cm-StuH L/28 und ein MG; Gewicht: 24500 kg; Motorisierung und Beweglichkeit wie beim Sturmgeschütz 40; Stückzahl: 1114

Bildreihe links: Panzer III. Das obere Bild zeigt einen Panzer III mit einer langen 5-cm-KwK. Im Bild darunter eine Kolonne Panzer III der Panzertruppe in Norwegen bei der Übergabe ihrer Waffen an die norwegische Armee im Mai 1945. Im Bild darunter ein Panzer III beim Einsatz im italienisch / kroatischen Grenzgebiet Ende 1944. In beiden Fällen handelt es sich um die Ausführung »N« mit kurzer 7,5-cm-KwK, wie sie im Museum zu sehen ist. Bildreihe rechts: Sturmhaubitze 42. Die beiden Bilder zeigen eine Sturmhaubitze 42 der Panzerabteilung V beim Einsatz an der Ostfront. Im Gegensatz zum Panzer III waren die 7,5-cm-Kanonen der Sturmgeschütze mit einer großen Mündungsbremse versehen.

Panzerkampfwagen IV

Wie der Panzer III wurde auch der Panzer IV in zahlreichen Varianten gebaut und diente wie dieser als Grundlage für diverse Sturmgeschütze, Jagd- und Artilleriepanzer. Gemeinsam mit dem Panzer III und später dem »Panther« bzw. dem »Tiger« bildete er das Rückgrat der deutschen Panzerwaffe. Er war der einzige deutsche Panzer, der während des gesamten Kriegs produziert wurde. Insgesamt wurden zwischen 1936 und 1945 über 14000 Kettenfahrzeuge auf Basis des Panzer IV gebaut. Damit war er zahlenmäßig der mit Abstand bedeutendste deutsche Panzer des Zweiten Weltkriegs.

Die Entwicklung des Panzer IV verlief zeitlich parallel zu der des Panzer III. Da sich beide Panzer in Bezug auf Größe, Form und Panzerung anfangs nur wenig unterschieden, ist oft darüber gerätselt worden, warum überhaupt zwei unterschiedliche mittelschwere Panzer in Auftrag gegeben wurden, anstatt die begrenzten Kapazitäten der deutschen Rüstungsindustrie in nur einem Fahrzeug zu bündeln. Der Grund hierfür ist vermutlich in der Eitelkeit der Rüstungsfirmen zu sehen, die eifersüchtig um jeden Auftrag kämpften und an Kooperationen wenig interessiert waren. So erhielt Daimler-Benz den Auftrag für den Panzer III und Krupp durfte den Panzer IV bauen.

Obwohl sich beide Panzer von der Konstruktion weitgehend glichen, war der vorgesehene Aufgabenbereich zunächst unterschiedlich. Der Panzer IV war von Beginn an mit einer 7,5-cm-Kanone ausgestattet, allerdings mit einer Kurzrohrversion, die sich nur wenig zur Bekämpfung gegnerischer Panzer eignete. Dies entsprach dem vorgesehenen Einsatzzweck als Unterstützungspanzer für die Infanterie. Der Panzer III mit seiner schwachen 3,7-cm-Kanone sollte dagegen die gegnerischen Panzer bekämpfen.

Wie bereits mehrfach erwähnt, wurde die Beschaffung einer größeren Anzahl kampfstarker Panzer lange Zeit für unnötig gehalten. So standen zu Beginn des Russlandfeldzugs nur wenig mehr als 400 Panzer IV zur Verfügung. Im Kampf gegen die stark gepanzerten russischen T-34 und KW-1 zeigte sich aber, dass selbst die Durchschlagkraft der 7,5-cm-KwK des Panzer IV nicht ausreichend war und der Panzer III nahezu wirkungslos blieb. Die Produktionszahl des Panzer IV wurde daher stark erhöht und die Bewaffnung auf die 7,5-cm-KwK 40 L/43, das sogenannte »Langrohr«, umgestellt. Aus dem 3,47m langen Rohr konnten Granaten verschossen werden, die auf 500 m Entfernung noch 91 mm Panzerstahl durchschlugen. Mit einer verbesserten Panzergranate wurden sogar 120mm Durchschlagskraft erreicht.

Hierbei muss jedoch angemerkt werden, dass diese Werte für senkrecht stehende Panzerplatten gelten. Bei abgeschrägten Platten nimmt die Durchschlagkraft stark ab. Umso unverständlicher ist die Formgebung der Panzer III und IV und auch die des »Tiger«. Alle diese Panzer hatten im Gegensatz zum T-34 eine kastenähnliche Panzerwanne mit fast senkrechten Wänden, die zum Durchschuss geradezu einluden, sowie zahlreiche Ecken und Winkel, die wie Geschossfangstellen wirkten. Diese Problematik ist beim im Museum ausgestellten Panzer IV gut zu erkennen. Der Panzer war in Afrika eingesetzt und wurde nach einem Geschosstreffer im Fahrgestell manövrierunfähig (Bild unten links). Er wurde dann zu Testzwecken nach Amerika gebracht. Unter anderem wurde die Wirkung von Panzerbüchsen erprobt. Wie das Bild rechts unten zeigt, konnte das senkrecht stehende Panzerschild im Bereich des Fahrers bereits von einer kleinkalibrigen Panzerbüchse durchschlagen werden (rot markierte Durchschusslöcher).

Ein weiteres Problem der deutschen Panzer war ihr Treibstoffverbrauch. Mit Ausnahme der ganz frühen Modelle waren die Panzer III und IV mit dem Maybach HL 120 TRM 12-Zylinder-Motor ausgestattet, der mit einer Leistung von 300 PS gerade noch ausreichend war. Trotzdem betrug der Benzinverbrauch bis zu 370 Liter pro 100 km, was den Aktionsradius auf weniger als 200 km beschränkte. Noch absurder war die Situation beim »Tiger«, der bis zu 1000 Liter pro 100 km verbrauchte, und das zu einer Zeit, als kaum noch Benzin verfügbar war. Zum Vergleich: Der sparsame Dieselmotor des T-34 hatte eine Leistung von 500PS und verlieh dem Panzer dennoch einen Aktionsradius von ca. 300km.

Trotz dieser Nachteile haben sich die Panzer III und IV sehr gut bewährt. Aufgrund der langen Entwicklungszeit handelte es sich um ausgereifte und zuverlässige Konstruktionen. Einige von den Alliierten in Afrika erbeutete Panzer IV dienten sogar noch nach dem Krieg bei der syrischen Armee. Die Nachfolgemodelle »Panther« und »Tiger« waren stärker gepanzert und schwerer bewaffnet, konnten aber nicht in den erforderlichen Stückzahlen produziert werden.

Technische Daten Panzer IV

Die aufgeführten Daten entsprechen der letzten Version »J«, von der zwischen 1943 und 1945 ca. 3800 Stück gebaut wurden. Besatzung: 5 Mann; Bewaffnung: eine 7,5-cm-KwK L/48 (Langrohr) und zwei MG; Panzerung: Wanne Front 80 mm, Turm 30 - 50 mm, Wanne Seiten 30 mm; Abmessungen mit Rohr und Schürzen: Länge 7,01 m, Breite 3,35 m, Höhe 2,68 m; Gewicht: 25000 kg; Antrieb: wassergekühlter Maybach 12-Zylinder-Benzinmotor mit 11,9 Litern Hubraum und 300 PS Leistung bei 3000 U/min.; Straßengeschwindigkeit: 38 km/h; Tankinhalt*: 680 l; Verbrauch (100 km): 250 / 370 l; Fahrbereich: 270 / 180 km; Watfähigkeit: 1,2 m. Stückzahl alle Versionen: ca. 9200 Kampfpanzer und ca. 5000 Sturmgeschütze, Jagd- und Artilleriepanzer.

*Das Modell »J« hatte den mit Abstand größten Tank. Bei allen anderen Modellen betrug der Tankinhalt nur 470 l, was den Fahrbereich auf 180 / 120 km beschränkte.

4-cm-Flak auf Panzer-IV-Fahrgestell »Möbelwagen«

Dieses interessante Fahrzeug ist ein Beispiel für die zahlreichen Spezialpanzer, die auf der Basis des Panzer IV entwickelt wurden. Es handelt sich um einen Flak-Panzer mit einer 4-cm-Bofors-Flak, der den Panzerverbänden auf dem Gefechtsfeld folgen und diese vor Kampfflugzeugen schützen sollte.

Anstelle des Turms wurde eine flache Platte mit dem Geschütz auf das Fahrwerk montiert, das um 360 Grad geschwenkt werden konnte. Um die Besatzung während der Marschfahrt etwas zu schützen, brachte man abklappbare Panzerbleche von 20 mm Stärke an den Seiten an. Beim Schießen mussten sie allerdings abgeklappt werden. Nachteilig war die Höhe von 342 cm, was dem Fahrzeug den Beinamen »Möbelwagen« einbrachte.

Insgesamt wurden bis Februar 1945 vom »Möbelwagen« 240 Stück gebaut, die in den Flak-Abteilungen der Panzerdivisionen ab 1944 im Westen und im Osten eingesetzt wurden. Das im Museum gezeigte Exemplar wurde im November 1944 von der Deutschen Eisenwerke AG Duisburg als einer von 10 in diesem Monat abgenommenen Flak-Panzer hergestellt.

15-cm-Panzerhaubitze »Hummel«

Die »Hummel« ist ein typischer schwerer Artilleriepanzer auf Selbstfahrlafette. Als Basis diente das Fahrgestell des Panzer IV, das mit dem Antrieb und der Kraftübertragung des Panzer III kombiniert wurde. Hierauf wurde dann eine 15-cm-Haubitze montiert. Den Motor hatte man in die Mitte verlegt, um so einen genügend großen Kampfraum zu erhalten. Der Fahrer befand sich in einem erkerartigen Vorbau unterhalb des Geschützrohrs. Die Reichweite der Haubitze lag bei maximal 13000 Metern. Insgesamt wurden 666 Stück gebaut. Die »Hummel« war der letzte deutsche Artilleriepanzer mit einem oben offenen Kampfraum.

Von ehemaligen Artilleristen wird dieses Fahrzeug als eine gelungene Konstruktion beschrieben. Es wurde erstmals im Sommer 1943 bei Kursk eingesetzt. Nachteilig war jedoch, dass nur 18 Schuss Munition mitgeführt werden konnten, wodurch die Besatzung ständig auf Munitionstransporte angewiesen war.

Die im Museum gezeigte »Hummel« war in der letzten großen deutschen Offensive in den Ardennen eingesetzt wo sie, wie viele andere Fahrzeuge, aufgrund von Sprit- und Munitionsmangel liegen blieb und unversehrt von den Amerikanern erbeutet werden konnte.

Oben links: Alliierte Truppen untersuchen einen abgeschossenen Panzer IV. Oben rechts: Panzer IV beim Einsatz an der Ostfront. Mitte links: Sehr seltene Originalaufnahme des Flakpanzers »Möbelwagen« auf Basis des Panzer IV. Mitte rechts: Das Museumsexemplar nach der Restaurierung. Unten links: Einsatzbild eines Sturmgeschütz 40 Ausführung »G«.

Oben links: Ankunft der Panzerhaubitze »Hummel« im Museum. Oben rechts und Mitte links: Die Panzerhaubitze »Hummel« im Einsatz. Mitte rechts: Die Wehrmacht setzte große Hoffnungen in den neuen Kampfpanzer V »Panther«, die sich aber nur teilweise erfüllten. Unten links: Ein interessanter Größenvergleich - links ein Panzer III, rechts ein Panzer V »Panther«.

Panzerkampfwagen V »Panther«

Nachdem die Panzer III und IV Serienreife erlangt hatten, wurden von der Wehrmacht zunächst keine ernsthaften Bestrebungen zur Verstärkung der Panzertruppe unternommen. Dies änderte sich erst, als man erkennen musste, dass es der russischen Armee gelungen war, einen überlegen Panzer nicht nur zu konstruieren, sondern auch in erheblicher Zahl zu bauen. Ende 1941 wurden daher MAN und Daimler-Benz mit der Neuentwicklung eines schweren Kampfpanzers mit einem Kampfgewicht von ca. 35 Tonnen beauftragt, der als Antwort auf den T-34 gedacht war.

Schon im Mai 1941, also noch vor Beginn des Russlandfeldzugs, war bereits an Henschel und Porsche ein Entwicklungsauftrag für einen schweren Panzer gegangen. Dieser sollte jedoch so groß und schwer bewaffnet sein, dass ein Kampfgewicht von ca. 60 Tonnen zu erwarten war. Bereits nach den ersten Monaten Kampferfahrung in Russland war klar, dass ein solcher Panzer für den Einsatz an der Ostfront nur teilweise geeignet sein würde. Trotzdem wurde die Entwicklung ohne Einschränkung weitergeführt. Wie im Falle der Panzer III und IV hatte man sich also erneut trotz der beschränkten Rüstungskapazitäten für den gleichzeitigen Bau von zwei unterschiedlichen Panzern entschieden, anstatt die Kräfte in nur einem Kampfwagen zu konzentrieren, der es mit den russischen Panzern aufnehmen konnte. Der Auftrag für das kleinere Modell mit der Bezeichnung Panzerkampfwagen V »Panther«, der aufgrund zahlreicher Änderungen schließlich ein Gewicht von ca. 45 Tonnen erreichte und damit fast doppelt so schwer war wie ein Panzer IV, ging schließlich an MAN. Aus dem Entwurf von Henschel entstand parallel der »Tiger I«, der zunächst 57 Tonnen und in der zweiten Version, »Tiger II« oder »Königstiger«, gigantische 68 Tonnen wog.

Der komplett erhaltene »Panther« im Museum ist das einzige Exemplar weltweit, bei dem die Besucher den Turm und das Fahrwerk in Bewegung setzen können.

Der »Panther« unterscheidet sich grundlegend von seinen Vorgängern. Alle Flächen am Bug und an den Seiten sind abgeschrägt oder gerundet. Ecken oder Winkel, die als Geschossfangstellen wirken können, fehlen fast völlig. Die Ketten sind breiter und das Fahrwerk kommt ohne Stützrollen aus. Alles dies sind Konstruktionsmerkmale, die erfolgreich vom T-34 übernommen wurden. Aufgrund des überlangen Rohres war die panzerbrechende Wirkung der 7,5-cm-KwK des »Panther« sogar größer als die der 8,8-cm-KwK des »Tiger«.

Technologisch wird der »Panther« als der beste deutsche Panzer im Zweiten Weltkrieg angesehen. Aufgrund der viel zu kurzen Entwicklungszeit von nur etwas mehr als einem Jahr litt er allerdings unter zahlreichen technischen Kinderkrankheiten. Aufgrund von Antriebsproblemen blieben die ersten »Panther« reihenweise liegen. Der erste Großeinsatz bei der Panzerschlacht von Kursk im Sommer 1943 entwickelte sich zum Desaster. Es gingen mehr »Panther« durch Defekte als durch Feindbeschuss verloren. Viele dieser Mängel konnten zwar in der Folgezeit behoben werden, aber aufgrund der ständigen Bombardierungen der Rüstungsindustrie war es unmöglich, den »Panther« in den Stückzahlen zu produzieren, die für eine Wiedererlangung der Übermacht erforderlich gewesen wäre.

Im Museum können zwei »Panther« besichtigt werden: ein komplett erhaltenes Exemplar, bei dem sogar der Turm und das Fahrwerk bewegt werden können (Bilder diese Seiten), und ein weitgehend vollständiges Wrack, das in der Ukraine geborgen wurde (Bilder folgende Seiten).

Technische Daten Panzer V »Panther«

Die aufgeführten Daten entsprechen der letzten Version »G«, von der zwischen 1944 und 1945 ca. 3740 Stück gebaut wurden.
Besatzung: 5 Mann; Bewaffnung: eine 7,5-cm-KwK L/70 und zwei MG; Panzerung: Wanne Front 80 mm, Turm 100 - 40 mm, Wanne Seiten 40 mm; Abmessungen mit Rohr und Schürzen: Länge 8,65 m, Breite 3,42 m, Höhe 2,99 m; Gewicht: 44800 kg; Antrieb: wassergekühlter Maybach 12-Zylinder-Benzinmotor mit 23,9 Litern Hubraum und 700 PS Leistung bei 3000 U/min.; Straßengeschwindigkeit: 46 km/h; Tankinhalt: 730 l; Verbrauch (100 km): 450 / 670 l; Fahrbereich: 160 / 100 km; Watfähigkeit: 1,7 m; Stückzahl alle Versionen: ca. 6042 Kampfpanzer und ca. 679 Jagd- und Bergepanzer

Neben einem komplett erhaltenen »Panther« ist im Museum auch das Wrack eines zerstörten Exemplars zu sehen, das im Februar 1944 bei den schweren Abwehrkämpfen bei Tscherkassy in der Ukraine eingesetzt war, und dort verloren ging. Ob der Panzer von der Mannschaft gesprengt wurde oder nach einem Treffer explodierte ist unbekannt. Jahrzehnte nach Kriegsende wurden die Überreste geborgen und ins Museum gebracht. Die größten Fragmente wurden auf einem Metallgerüst wieder zusammengesetzt, kleinere Teile und ein Film über die Bergung werden in den benachbarten Vitrinen und einer dort aufgestellten Videokonsole gezeigt. Auf eine Restaurierung wurde bewusst verzichtet, da dieses Panzerwrack als Mahnmal für die zerstörerische Gewalt des Krieges erhalten bleiben soll.

Jagdpanzer »Jagdpanther«

Auf der Basis des »Panther« wurden zwei Spezialpanzer entwickelt, ein Bergepanzer und ein Jagdpanzer. Der »Bergepanther«, von dem ab 1944 ca. 300 Stück produziert wurden, war erforderlich geworden, da die vorhandenen Zugmaschinen zum Abschleppen liegengebliebener »Panther«- und »Tiger«-Panzer zu schwach waren. Der Einsatzzweck des »Jagdpanther« war die Panzerabwehr.

Wie bei den anderen Jagdpanzern wurde auch beim »Jagdpanther« ein Panzerfahrgestell mit einem turmlosen Aufbau versehen und mit einer für die Panzerabwehr besonders geeigneten Kanone versehen. Aufgrund der wesentlich einfacheren Konstruktion kann ein solcher Jagdpanzer mit einem deutlich geringeren Materialaufwand produziert werden als der entsprechende Kampfpanzer. Das Fahrwerk und der untere Teil der Wanne stammen vom »Panther«, als Hauptbewaffnung dient eine 8,8-cm-Pak L/71, die sich als Panzerabwehrwaffe hervorragend bewährt hatte und auch bei größerer Schussentfernung noch über eine große Durchschlagskraft verfügte. Es konnten 60 Schuss 8,8-cm- und 600 Schuss 7,92-mm-Munition mitgeführt werden.

Das erste Modell wurde am 20. Oktober 1943 vorgeführt und fand sofort die Zustimmung der Heeresleitung. Die ersten Lieferungen erfolgten im Februar 1944. Obwohl geplant war, monatlich 150 Fahrzeuge herzustellen, konnten MIAG und MHH aufgrund von Produktionsausfällen durch die ständigen Bombenangriffe bis Kriegsende nur ca. 382 Stück ausliefern.

Der »Jagdpanther« war mit Sicherheit einer der besten Jagdpanzer des Zweiten Weltkriegs. Er war schnell, gut gepanzert und konnte aufgrund seiner 8,8-cm-Kanone feindliche Ziele auch auf große Entfernung aus einer gesicherten Stellung bekämpfen. Nachteilig waren jedoch der geringe Schwenkbereich der Kanone sowie das komplizierte Laufwerk, das leicht lahm gelegt werden konnte. Am meisten begrenzte jedoch die zu geringe Stückzahl den militärischen Wert des »Jagdpanther«.

Technische Daten Jagdpanzer P V »Jagdpanther«
Besatzung: 5 Mann; Bewaffnung: eine 8,8-cm-Pak 43/3 (L/71) und ein 7,92 mm MG; Panzerung: 30 - 80 mm; Abmessungen mit Rohr und Schürzen: Länge 9,86 m, Breite 3,42 m, Höhe 2,72 m; Gewicht: 46 000 kg; Antrieb: wassergekühlter Maybach 12-Zylinder-Benzinmotor mit 23,9 Litern Hubraum und 700 PS Leistung bei 3000 U/min.; Straßengeschwindigkeit: 46 km/h; Tankinhalt: 700 l; Verbrauch (100 km): 460 / 690 l; Fahrbereich: 150 / 100 km; Watfähigkeit: 1,55 m; Stückzahl: 382

Der ab Frühjahr 1944 eingesetzte »Jagdpanther« basiert auf dem Fahrgestell des »Panther«. Er ist mit einer mächtigen 8,8-cm-Kanone ausgerüstet, mit dem auch der russische T-34 aus großer Entfernung wirksam bekämpft werden konnte.

Bild links: Dieser »Tiger I« stand mehrere Jahre als Leihgabe im Technik Museum Sinsheim. Nur sechs »Tiger I« sind heute noch erhalten, keiner davon hat einen permanenten Standort in Deutschland. Bild oben: Ein »Tiger I« im Einsatz bei der Panzerschlacht von Kursk. Der »Tiger I« hatte zwar eine sehr durchschlagskräftige Kanone, litt aber unter vielen technischen Mängeln. Aufgrund der ungünstigen, kastenförmigen Form, die sich kaum vom Panzer IV unterscheidet, mussten außerdem sehr dicke Panzerplatten verwendet werden. In Kombination mit der übertrieben großen 8,8-cm-Kanone wurde so ein Kampfgewicht von rund 57 Tonnen erreicht. Die Folge war zum einen ein extremer Treibstoffverbrauch von bis zu 850 Litern pro 100 km, und dies zu einer Zeit, als Benzin bereits äußerst knapp war. Zum anderen waren sehr breite Ketten erforderlich, um ein Einsinken des Panzers zu verhindern. Mit diesen überbreiten Ketten passte der »Tiger I« aber nicht auf die vorhandenen Eisenbahnwaggons. Vor jeder Verladung mussten nun die Fahrketten von Hand durch schmalere Transportketten ersetzt werden. Doch damit nicht genug. Bedingt durch das hohe Gewicht wurden für den Transport vierachsige Spezialwaggons benötigt, die als »SSL« bzw. »SSK« bezeichnet wurden, was hier für »sehr schwer lang« bzw. »sehr schwer kurz« steht.

Bild links unten: Kampfpanzer V »Panther«. Der »Panther« war der fortschrittlichste und auch beste deutsche Kampfpanzer im Zweiten Weltkrieg. Durch die günstige Form war er trotz schwächerer Panzerung vor Feindbeschuss genauso gut geschützt wie der »Tiger I« und die Kanone verfügte trotz des 7,5-cm-Kalibers über eine vergleichbare Durchschlagskraft wie das 8,8-cm-Geschütz des »Tiger«. Die durch die zu kurze Entwicklungszeit bedingten technischen Mängel und die zu niedrigen Produktionszahlen begrenzten aber seinen militärischen Wert.

Bilder oben und Mitte links: »Jagdpanther« beim Einsatz an der Westfront 1944. Bild Mitte rechts: Ein von den Alliierten im Januar 1945 erbeuteter Jagdpanther. Im Hintergrund ein amerikanischer »Sherman«-Panzer. Bilder unten: Der im Museum gezeigte »Jagdpanther« wurde nur wenige Tage nach der Auslieferung (links) bei Lüneburg in Norddeutschland von englischen Truppen erbeutet (rechts).

Russischer Panzerkampfwagen T-34

Der T-34 wird allgemein als der militärisch wertvollste Kampfpanzer des 2. Weltkriegs angesehen. Sicher waren die späten deutschen Panzer »Tiger« und »Panther« und auch die ab 1944 eingesetzten russischen Panzer der »Josef Stalin«-Serie dem T-34 überlegen. In der Summe aller Eigenschaften kam aber kein anderes Modell an den T-34 heran.

Durch die einfache technische Konstruktion konnte der T-34 mit einem geringen Aufwand in Massen hergestellt und auch von ungeübten Mannschaften leicht bedient werden. Die Panzerwanne war geschweißt, während der Turm, mit Ausnahme der frühen Ausführungen, in einem Stück gegossen wurde. Die abgeschrägten und abgerundeten Panzerplatten und die gelungene Form mit minimalen Geschossfangstellen machten ihn sehr unempfindlich gegen Feindbeschuss. Es ist völlig unverständlich, dass von den deutschen Panzern nur der »Panther«, der »Hetzer« und der »Tiger II« vergleichbar gut gestaltet waren, und noch der »Tiger I« über eine antiquierte Wanne mit senkrechten Panzerplatten verfügte. Der sparsame, 500 PS starke Dieselmotor stand in einem sehr guten Verhältnis zum Kampfgewicht des T-34 von ca. 30 Tonnen. Zusammen mit den breiten Laufketten, die den Bodendruck reduzierten, und dem robusten Fahrgestell, das ohne Stützrollen für die Laufketten auskam, verlieh dieser Motor dem T-34 auch in schwerem Gelände eine ausgezeichnete Beweglichkeit. Der Dieselantrieb sorgte außerdem für einen großen Aktionsradius, der durch Zusatztanks noch erweitert werden konnte, und verringerte die Brandgefahr. Die Bewaffnung mit einer 7,62-cm-Kanone (bei den späteren Modellen kam eine 8,5-cm-Kanone zum Einsatz) war von Beginn an auch für den direkten Kampf gegen die deutschen Panzer ausreichend.

Die Konstruktion des T-34 begann 1937, im Sommer 1939 startete die Erprobungsphase, im Juli 1940 lief die Serienfertigung an. Bis zum Beginn des Russlandfeldzugs wurden aber nur 1225 Einheiten produziert. Für Russland kam der deutsche Angriff überraschend, entsprechend schlecht war die Rote Armee vorbereitet. Nur so waren die schnellen deutschen Anfangserfolge in Russland möglich. Aufgrund der geringen Zahl und der unerfahrenen Mannschaften blieb der militärische Wert des T-34 zunächst begrenzt. Insbesondere gelang es den deutschen Truppen immer besser die russischen Panzer, von denen nur wenige über Funkgeräte verfügten und die meist nur allein oder in kleinen Gruppen auftraten, bei einem Angriff zu isolieren, und trotz der unzureichenden Mittel in großer Zahl zu vernichten. Als die deutsche Offensive aber im Winter 1941 vor Moskau liegen blieb, begann sich das Blatt schnell zu wenden. Zunächst verlegte die russische Führung die

Bild gegenüberliegende Seite: Der in der Museumshalle gezeigte T-34 ist ein T-34/85 mit einer 8,5-cm-KwK. Die beiden auf dem Freigelände ausgestellten T-34 gehören zur gleichen Baureihe. Bilder oben: Zwei unterschiedliche Ausführungen des T-34/76 beim Einsatz in Russland. Der T-34 war sehr einfach konstruiert, besaß aber eine günstige Form und eine durchschlagskräftige Kanone. Erst der »Panther« und der »Tiger« waren dem T 34 überlegen, der dann aber immer noch mit der schieren Masse das ausgleichen konnte, was ihm an technischer Raffinesse fehlte.

Panzerfabriken in das Hinterland, wo ungestört von deutschen Angriffen die Massenfabrikation des T-34 anlaufen konnte. Zudem wurden Panzerung, Bewaffnung, Funkausstattung und insbesondere die Ausbildung der Mannschaften und der Offiziere wesentlich verbessert. Jetzt zahlte es sich aus, dass sich die Sowjets auf einen einzigen mittelschweren Kampfpanzer konzentriert und sich nicht, wie die deutsche Heeresführung, in unterschiedlichen Entwicklungen verzettelt hatten. Schon 1942 fiel es der Wehrmacht zunehmend schwerer, sich gegenüber den sowjetischen Panzern durchzusetzen. Das endgültige Desaster folgte 1943 bei der Sommeroffensive von Kursk, als die deutschen Truppen nach der verlorenen Schlacht von Stalingrad ein letztes Mal versuchten, den Krieg gegen Russland doch noch zu gewinnen.

Für eine Einschätzung der tatsächlichen Stärke der deutschen im Vergleich zu den russischen Panzern ist diese Schlacht mit Abstand die wichtigste. Die Niederlagen vor Moskau 1941 und in Stalingrad 1942 werden oft weniger der Stärke der Roten Armee sondern eher dem russischen Klima zugeschrieben. Bei der Schlacht um Kursk herrschten dagegen beste Wetterbedingungen. Außerdem konnte die Wehrmacht auf alle waffentechnischen Neuentwicklungen zurückgreifen, die damals verfügbar waren, darunter eine große Anzahl von »Tiger I«- und »Panther«-Panzern. Im Rahmen der Gefechte kam es zum Aufeinandertreffen großer deutscher und russischer Panzerverbände, die für beide Seiten äußerst verlustreich verliefen. Wie auch immer man die Vorgänge und die Verlustzahlen, die je nach Quelle äußerst unterschiedlich sind, bewerten mag: letztendlich blieb die Offensive erfolglos und schwächte die ohnehin bereits ausgelaugten deutschen Panzerverbände entscheidend. Der Mythos von der Unbesiegbarkeit der deutschen Panzer hatte jedenfalls endgültig sein Ende gefunden. Einen entscheidenden Anteil hieran hatte der T-34.

Der T-34 war bis zum Kriegsende der wichtigste Panzer der Roten Armee. Das Grundkonzept blieb dabei nahezu unverändert, lediglich die Bewaffnung, die Form des Turmes und die Panzerung wurden verbessert. Die beiden wichtigsten Hauptausführungen waren der T-34/76 mit 7,62-cm-Kanone und der T-34/85 mit 8,5-cm-Kanone, der als Antwort auf den »Panther« und den »Tiger« gedacht war. Über 50 000 Exemplare dieser beiden Modelle wurden gebaut. Dies ist mehr als die Gesamtproduktion aller deutschen Kampfpanzer, Jagdpanzer und Sturmgeschütze zusammen. In der letzten Ausführung T-34/85 war er auch nach Kriegsende noch viele Jahre bei zahlreichen Armeen im Einsatz und diente später als Grundlage für die wesentlich verbesserten Typen T-54 und T-55.

Technische Daten T-34/76

Der T-34/76 wurde ab 1940 in vier Ausführungen gebaut. Die hier aufgeführten technischen Daten können von Version zu Version variieren. Außerdem weichen die Angaben in der Fachliteratur teilweise voneinander ab.

Besatzung: 4 Mann; Bewaffnung: eine 7,62-cm-KwK und zwei MG; Panzerung: Wanne Front 45 mm, Turm 45 mm (später bis zu 70 mm), Wanne Seiten 45 mm; Abmessungen mit Rohr: Länge 5,9 m, Breite 3 m, Höhe 2,5 m; Gewicht: 26 - 30 Tonnen; Antrieb: 12-Zylinder-Dieselmotor mit 38,9 Litern Hubraum und 500 PS Leistung bei 2000 U/min.; Straßengeschwindigkeit: ca. 50 km/h; Tankinhalt: 540 l (durch Zusatztanks erweiterbar); Verbrauch (100 km): 120 / 210 l; Fahrbereich: 450 / 260 km

Technische Daten T-34/85

Der T-34/85 wurde ab Ende 1943 gebaut. Auch hier weichen die technischen Angaben in der Fachliteratur teilweise voneinander ab.

Besatzung: 5 Mann; Bewaffnung: eine 8,5-cm-KwK und zwei MG; Panzerung: Wanne Front 47 mm, Turm 75 - 100 mm, Wanne Seiten 45 mm; Abmessungen mit Rohr: Länge 7,8 m, Breite 3 m, Höhe 2,7 m; Gewicht: 32 Tonnen; Antrieb und Beweglichkeit vergleichbar mit dem T-34/76

Dieses Bild zeigt einen T-34/76 im Einsatz 1941 oder 1942.

Russischer Jagdpanzer SU-100

Auch bei der russischen Armee wurden Panzerfahrgestelle zum Bau von Spezialpanzern genutzt. Der hier gezeigte Jagdpanzer SU-100 basiert auf dem Fahrgestell des T-34. Die erste Version war der mit einer 8,5-cm-Kanone ausgerüstete Jagdpanzer SU-85, der 1943 erstmals zum Einsatz kam. Parallel wurde der T-34/85 bei der Roten Armee eingeführt, der die gleiche Kanone verwendete. Um die in immer größerer Zahl auftretenden »Panther«- und »Tiger«-Panzer noch effizienter bekämpfen zu können, begann man sofort mit der Entwicklung eines noch stärker bewaffneten Jagdpanzers. So entstand innerhalb weniger Monate der SU-100 mit einem 10-cm-Geschütz, der ab Frühjahr 1944 eingesetzt wurde.

Der SU-100 war einer der am meisten gefürchteten Gegner der schweren deutschen Panzer. Die 10-cm-Kanone wurde aus einem Marinegeschütz entwickelt. Sie verschoss Spreng- und Panzergranaten von 16 - 19 Kg Gewicht, die auf eine Entfernung von 1000 m bei einem Auftreffwinkel von 90° Panzerungen bis zu 150 mm Stärke durchschlagen konnte. Nach dem Krieg wurde der SU-100 noch viele Jahre von den meisten Staaten des Warschauer Pakts weiter verwendet.

Technische Daten russischer Jagdpanzer SU-100
Besatzung: 4 Mann; Bewaffnung: eine 10-cm-Pak; Panzerung: Wanne Front 75 - 100 mm, Wanne Seiten 45 mm; Abmessungen mit Rohr und Schürzen: Länge 9,45 m, Breite 3 m, Höhe 2,2 m; Gewicht: 31600 kg; Antrieb und Beweglichkeit vergleichbar T-34

US Kampfpanzer M3A3 »Stuart«

Der im Freigelände gezeigte M3 »Stuart« ist ein interessantes Fahrzeug, das es ermöglicht, den Entwicklungsstand der deutschen Panzer mit dem der Westalliierten zu Beginn des Zweiten Weltkriegs zu vergleichen. Zu dieser Zeit verfügte nur Frankreich über eine starke Panzertruppe, die aber aufgrund der deutschen Luftüberlegenheit und einer unzweckmäßigen Einsatztaktik beim Frankreichfeldzug 1940 nahezu wirkungslos blieb. Großbritannien besaß nur ca. 1000 leichte Panzer mit geringer Kampfkraft. In Amerika war bis 1935 kein einziger serienreifer Panzer entwickelt worden und noch 1940 bestand die amerikanische Panzerwaffe aus nur 300 leichten und 20 mittleren, veralteten Kampfwagen.

Unter dem Eindruck der Erfolge der deutschen Panzerwaffe begann zu diesem Zeitpunkt in Amerika ein gigantisches Entwicklungsprogramm zum Bau moderner Kampfpanzer. Eines der ersten Ergebnisse war der ab Mitte 1941 in zahlreichen Versionen gebaute M3 »Stuart«. In den frühen Ausführungen war die Panzerung des »Stuart« genietet, als Bewaffnung diente eine 3,7-cm-Kanone. Er war somit vom Kampfwert mit dem deutschen 38(t) vergleichbar.

Dies mag erklären, warum die Wehrmachtsführung nach dem schnellen Erfolg über Frankreich die Verstärkung der deutschen Panzerverbände vernachlässigte. Die Entwicklung des T-34 war der deutschen Spionage allerdings verborgen geblieben und von der Leistungsfähigkeit der amerikanischen Rüstungsindustrie hatte man in Deutschland keine realistischen Vorstellungen.

Trotz seiner geringen Kampfkraft stellte der M3 für die englischen Panzerstreitkräfte während der Wüstenkämpfe 1941 und 1942 eine wesentliche Verstärkung dar. In der Folgezeit erschien er auf allen Kriegsschauplätzen des Zweiten Weltkrieges. Er wurde insbesondere von den britischen und amerikanischen Streitkräften eingesetzt, gelangte aber im Rahmen des Lend-Lease-Abkommens auch nach Russland. Aufgrund seines geringen Gewichts und der schlechten Ausrüstung der japanischen Truppen mit Panzerabwehrwaffen bewährte er sich auch bei zahlreichen Landeoperationen im Pazifikkrieg.

Die Konstruktion wurde kontinuierlich verbessert. Zunächst erhielt der »Stuart« einen geschweißten Turm, später auch eine geschweißte Wanne. Der im Museum gezeigte M3A3 entspricht der letzten, ab Anfang 1943 gebauten Ausführung. Für Weiterentwicklungen, insbesondere den Einbau einer stärkeren Kanone, ließ er aber aufgrund seiner geringen Abmessungen keinen Spielraum.

Der M3 war der am meisten eingesetzte leichte Panzer des Zweiten Weltkrieges. Insgesamt wurden 13499 Einheiten produziert. Er war der schnellste Panzer seiner Zeit, zuverlässig, hervorragend geländegängig und eignete sich daher besonders als Spähpanzer und als Unterstützungspanzer für die Infanterie. Für die Panzerbekämpfung war er jedoch aufgrund der schwachen Bewaffnung ungeeignet.

Technische Daten leichter US Kampfpanzer M3A3 »Stuart«
Besatzung: 4 Mann; Bewaffnung: eine 3,7-cm-KwK und 3 MG; Panzerung: Wanne Front 16 - 50 mm, Turm 43 mm, Wanne Seiten 25 mm; Abmessungen: Länge 4,71 m, Breite 2,14 m, Höhe 2,52 m; Gewicht: 14400 kg; Beweglichkeit: Der M3 wurde mit unterschiedlichen Benzin- und Dieselmotoren ausgerüstet. Die Straßengeschwindigkeit lag bei bis zu 57 km/h, der Aktionsradius betrug ca. 110 km. Bauzeit: 1941 - 1943, Stückzahl: 13499, davon 3427 M3A3.

Der M3 »Stuart« war bei Baubeginn eigentlich bereits veraltet, wurde aber insbesondere als Spähpanzer bis zum Kriegsende eingesetzt. Das Bild oben ist eine historisch besonders interessante Aufnahme. Es zeigt einen amerikanischen Truppenverband mit einem »Stuart«-Panzer beim Einmarsch in Sinsheim am 2. April 1945. Die Bilder rechts zeigen den »Stuart« beim Einsatz nach der Invasion in Frankreich (oben) und in Deutschland 1945 (Mitte und unten). Das Exemplar im unteren Bild hat noch eine genietete Wanne.

US Kampfpanzer M4 »Sherman«

Der »Sherman« war der mit Abstand bedeutendste Panzer, der von den Westalliierten im Zweiten Weltkrieg eingesetzt wurde. Seine Entwicklungsgeschichte demonstriert die Leistungsfähigkeit und die Philosophie der amerikanischen Rüstungsindustrie während dieser Zeit.

Zwischen den Weltkriegen bestand bei der US Armee nur ein geringes Interesse am Bau von Kampfpanzern. Da es keine reale militärische Bedrohung gab, war man der Ansicht, dass jede vorsorglich betriebene Aufrüstung mit Panzern die Beschaffung von Geräten zur Folge hätte, die zum Zeitpunkt einer militärischen Auseinandersetzung bereits veraltet sein würden. Außerdem bestanden bei der amerikanischen Armee keine klaren Vorstellungen, was für eine taktische Rolle Panzern in einem zukünftigen Krieg zukommen sollte.

Die schnellen deutschen Erfolge zu Beginn des Zweiten Weltkriegs, die nicht zuletzt durch den massiven Einsatz von Panzern erreicht wurden, bewirkten ein schnelles Umdenken. Das amerikanische Oberkommando hatte bereits die Ereignisse während des Spanischen Bürgerkriegs genau studiert und spätestens nach den deutschen »Blitzsiegen« war klar, dass die Panzerwaffe in diesem Krieg von erheblicher Bedeutung sein würde. Mit großer Eile wurden daher 1940 eine Reihe von Entwicklungsaufträgen für leichte und mittlere Kampfwagen vergeben. Um die Ergebnisse dieser Arbeiten richtig einordnen zu können, muss man sich vor Augen führen, dass die amerikanische Industrie zu diesem Zeitpunkt nur über geringe Erfahrungen im Panzerbau verfügte. Die Prototypen mussten daher so ausgelegt sein, dass sie später auch in Fabriken, die bis dahin ausschließlich Zivilfahrzeuge hergestellt hatten, in Massen produziert werden konnten. Außerdem mussten die Fahrzeuge leicht zu bedienen sein, da die amerikanische Armee weitgehend aus Wehrpflichtigen mit einer nur kurzen militärischen Ausbildung bestand.

Die ersten Entwicklungen, wie z.B. der oben beschriebene M3 »Stuart«, waren eher enttäuschend, da sie zu schwach gepanzert und bewaffnet waren. Der ab Mitte 1941 von Grund auf neu entwickelte M4 »Sherman« erfüllte dagegen die Anforderungen der amerikanischen Armee an einen mittleren Standardpanzer moderner Prägung und wurde für die Serienproduktion ausgewählt. Hier zeigt sich ein wesentlicher Unterschied zur deutschen Rüstungsplanung. Nachdem die Entscheidung für den M4 gefallen war, wurden die alternativen Vorschläge nicht weiter verfolgt, sondern nur der M4 in Massen produziert. Nur durch diese Bündelung

Im Technik Museum Sinsheim sind zwei unterschiedliche M4 »Sherman« mit gegossener Wanne (Ausführung M4A1) ausgestellt, die mit einer langen 7,6-cm-KwK mit Mündungsbremse (unten) bzw. mit einer kurzen 7,5-cm-KwK (gegenüberliegende Seite) ausgerüstet sind. Der Panzer auf der gegenüberliegenden Seite wurde von französischen Truppen eingesetzt. Am Fahrwerk befindet sich eine Halterung für ein Räumschild.

der Kräfte ist es erklärbar, dass die in der Panzerproduktion unerfahrene amerikanische Industrie von Juni 1940 bis August 1945 nicht weniger als 103000 Panzer und gepanzerte Selbstfahrlafetten, viele davon auf Basis des M4, ausliefern konnte. Dies war mehr als das 2,5-fache der deutschen Produktion.

Der »Sherman« stellt in vielerlei Hinsicht einen Kompromiss zwischen einfacher Massenproduktion und Kampfwert dar. Als der »Sherman« in Serie ging, waren in Amerika keine speziellen Panzermotoren verfügbar. Man griff daher auf einen ursprünglich für den Flugzeugbau konstruierten 9-Zylinder-Sternmotor zurück. Der Benzinverbrauch spielte für die amerikanischen Streitkräfte eine untergeordnete Rolle. Um diesen voluminösen Motor unterbringen zu können, benötigte man die für den »Sherman« charakteristische sehr hohe Wanne. Selbst als später kompaktere spezielle Panzermotoren verfügbar waren blieb man dabei, da die Umstellung auf eine neue Wanne die Produktion unterbrochen hätte. Ein wesentliches Merkmal der amerikanischen Philosophie der Massenfabrikation war, dass nur Verbesserungen vorgenommen wurden, die keine Produktionsunterbrechung zur Folge hatten. Beide im Museum ausgestellten Exemplare besitzen gegossene Wannen. Dies ist charakteristisch für die Bauart M4A1. Da aber viele Firmen derart große Gussteile nicht herstellen konnten, wurde ein großer Teil der »Shermans« mit geschweißten Wannen ausgestattet (z.B. Bauarten M4 und M4A3). Trotz seiner unkonventionellen Formgebung war der »Sherman« aufgrund der abgerundeten bzw. geschrägten Panzerung von vorne gegen Feindbeschuss recht gut geschützt. Die senkrechte seitliche Panzerung bot dagegen relativ wenig Schutz und wurde daher später an den kritischen Stellen verstärkt.

Aufgrund der verhältnismäßig schwachen Panzerung und der kurzen 7,5-cm-Kanonen, die bei den meisten Modellen verwendet wurde, lag der »Sherman« in etwa gleich auf mit dem deutschen Panzer IV, war aber den schweren »Panther«- und »Tiger«-Panzern deutlich unterlegen. Aus diesem Grund wird er häufig als weniger gelungen eingeordnet. Dabei wird allerdings übersehen, dass bei der amerikanischen Armee nicht die Panzer sondern die Luftwaffe und die Panzerjagdverbände für die Panzerbekämpfung zuständig waren. Der »Sherman« war in erster Linie als Unterstützungswaffe für die Infanterie konzipiert, der Hindernisse beseitigen, Widerstandsnester bekämpfen und als leicht bewegliche Artillerie Feuerunterstützung geben sollte. Diese Aufgaben hat er sehr gut erfüllt. Er wurde daher erst sehr spät mit einer besser panzerbrechenden langen 7,6-cm-Kanone bestückt.

Der M4 »Sherman« blieb bis 1946 in der Produktion. Insgesamt wurden über 40000 Stück gebaut. Er bildete die Basis für zahlreiche Spezialfahrzeuge wie Artilleriepanzer, Bergepanzer, Flammenwerferpanzer, Räumpanzer usw. Eine weiterentwickelte Version wurde im Koreakrieg 1950 - 1953 verwendet und selbst die israelische Armee setzte noch beim Vierten Nahostkrieg 1973/74 zahlreiche Panzer dieses Typs ein.

Technische Daten mittlerer US Kampfpanzer M4A1 »Sherman«
Vom »Sherman« gibt es zahlreiche Ausführungen. Die hier aufgeführten Daten beschreiben das Modell M4A1 mit gegossener Wanne und 7,6-cm-Kanone, von dem zwischen Januar 1944 und Juni 1945 ca. 3400 Stück produziert wurden.
Besatzung: 5 Mann; Bewaffnung: eine 7,6-cm-KwK und 3 MG; Panzerung: Wanne Front 51 - 108 mm, Turm 64 mm, Wanne Seiten 38 mm; Abmessungen: Länge mit Kanone 7,47 m, Breite 2,67 m, Höhe 2,96 m; Gewicht: ca. 32000 kg; Antrieb: Luftgekühlter Continental 9-Zylinder-Benzin-Sternmotor mit 15,9 Litern Hubraum und 460 PS Leistung bei 2400 U/min.; Straßengeschwindigkeit: ca. 38 km/h; Tankinhalt: 796 l; Fahrbereich (Straße): ca. 160 km

Dieser »Sherman« mit Räumschild und geschweißter Wanne, erkennbar an der eckigen Form, ist vermutlich ein Modell »M4«. Der von den französischen Truppen eingesetzte »Sherman« im Museum besitzt am Fahrwerk eine Vorrichtung zum Anbringen eines solchen Schildes, das u.a. zum Wegschieben von Stacheldrahthindernissen verwendet wurde.

Bilder oben links und rechts: »Sherman«-Panzer beim Einmarsch in Deutschland im Frühjahr 1945. Bild links unten und rechts Mitte: Der »französische Sherman« aus dem Museum bei einer Filmproduktion in Weinheim bei Heidelberg 1983. Bild rechts unten: Der gleiche »Sherman« neben einem Kübelwagen bei einem Treffen von Militärfahrzeugen im Museum Sinsheim 1982. Die Bilder zeigen sehr schön die unterschiedlichen Wannenkonstruktionen. Nur der »Sherman« aus dem Museum hat die abgerundete gegossene Wanne. Alle anderen haben die eckige geschweißte Wanne.

10,5-cm-Panzerhaubitze M7B2 »Priest« und Bergepanzer M32

Der »Sherman« bildete die Basis für zahllose gepanzerte Spezialfahrzeuge und Selbstfahrlafetten, die teilweise noch Jahrzehnte nach dem Ende des Zweiten Weltkriegs in der ganzen Welt genutzt wurden. Fünf davon können im Museum Sinsheim auf dem Freigelände besichtigt werden: eine 10,5-cm-Panzerhaubitze M7B2 »Priest« (rechts oben), ein Bergepanzer M32 »Sherman Recovery« (rechts unten), eine 15,5-cm-Panzerhaubitze M40 »Long Tom« (gegenüberliegende Seite oben) sowie zwei Bergepanzer M74 »Sherman Recovery« (gegenüberliegende Seite unten). Auffällig sind die unterschiedlichen Fahrwerke. Die 10,5-cm-Panzerhaubitze hat das konventionelle »Sherman«-Fahrwerk mit drei Laufrollenpaaren an jeder Seite, die durch senkrecht stehende Spiralfedern gefedert werden (Vertical Volute Spring Suspension = VVSS). Alle anderen Fahrzeuge sind dagegen mit einem verbesserten Fahrwerk ausgerüstet, bei dem die Spiralfedern liegend angeordnet sind (Horizontal Volute Spring Suspension = HVSS). Dieses Fahrwerk kam erst gegen Ende des Zweiten Weltkriegs zum Einsatz.

Von der 10,5-cm-Haubitze M7B2 wurden ab 1942 insgesamt 4280 Stück produziert und auf allen Kriegsschauplätzen eingesetzt. Nach Kriegsende war sie noch lange Jahre in allen Staaten der NATO sowie in Russland aktiv, wohin sie im Rahmen des Lend-Lease-Abkommens geliefert wurde. Ihren Spitznamen »Priest«, das englische Wort für »Priester«, verdankt sie der neben der Haubitze angeordneten Kanzel, die wie die Predigtkanzel in einer Kirche aussieht (siehe das eingefügte Detailbild im Bild rechts oben). Diese Kanzel diente zur Befestigung eines Flugabwehr-MGs, hat also nichts mit der eigentlichen Haubitze zu tun.

Der Bergepanzer M32 »Sherman Recovery« wurde mit dem Ziel entwickelt, der amerikanischen Panzertruppe ein leistungsstarkes gepanzertes Fahrzeug zum Bergen ausgefallener Fahrzeuge vom Gefechtsfeld zu bieten. Ungepanzerte Zugmaschinen verursachten unter Gefechtsbedingungen zu viele Ausfälle und waren oft nicht zugkräftig genug, um liegen gebliebene Panzer oder andere schwere Fahrzeuge zu bergen. Der M32 war auf Anhieb gelungen und erfüllte die in ihn gesetzten Erwartungen.

15,5-cm-Panzerhaubitze M40 »Long Tom« und Bergepanzer M74

Die 15,5-cm-Panzerhaubitze M40 »Long Tom« (oben) wurde erstmals im März 1945 zusammen mit dem neu entwickelten Kampfpanzer M26 »Pershing« beim Kampf um Köln eingesetzt. Nach Kriegsende wurde sie bei der NATO bis in die 1960er Jahre weiter verwendet.

Der unten gezeigte Bergepanzer M74 ist eine verbesserte Version des M32 mit einem HVSS-Fahrwerk, geschweißter Wanne und verbesserter Zugkraft. Als Antrieb diente ein wassergekühlter Ford-V8-Motor, der gegen Ende des Zweiten Weltkriegs den veralteten luftgekühlten Continental-Flugzeug-Sternmotor abgelöst hatte, mit dem die meisten »Sherman«-Modelle bis dahin ausgestattet waren. Der M74 wurde 1949 bei der US-Armee eingeführt und auch in zahlreiche Länder exportiert.

Panzerabwehr

Kampfpanzer sind Angriffswaffen, die insbesondere gegen die Infanterie eingesetzt werden. Wenn man die im Museum ausgestellten Panzer betrachtet, kann man sich kaum vorstellen, dass ein Infanterist gegen einen solchen Stahlkoloss etwas ausrichten kann. In der Tat kann keine Infanterie ohne panzerbrechende Waffen gegen einen Gegner bestehen, der über eine gut ausgerüstete und geführte Panzertruppe verfügt. Dies zeigte zunächst die Wehrmacht während der »Blitzsiege« und musste es anschließend selbst schmerzlich erfahren, als sie in Russland ab 1942 zum Ziel massiver Panzerangriffe wurde.

Der Schutz, den die Panzerung bietet, ist aber keineswegs unüberwindbar. Aus Gewichtsgründen können die Panzerplatten nicht überall gleich stark sein. Entsprechend dem Einsatzzweck des Panzers als frontale Angriffswaffe sind der vordere Bereich und der Turm am stärksten gepanzert. Die Seitenpanzerung ist bereits deutlich schwächer und am Heck und ganz besonders an der Oberseite ist ein Panzer nur wenig geschützt. Weitere Schwachstellen sind die freiliegenden Ketten und die sehr eingeschränkte Sicht der Besatzung. Panzer sind außerdem vollgefüllt mit Treibstoff und Granaten, die leicht zur Explosion gebracht werden können.

Panzer können durch Panzer bekämpft werden, sofern die eigene Streitmacht stark genug ist. Ansonsten besteht die Gefahr hoher eigener Verluste ohne entscheidende Schwächung des Gegners. Ein Beispiel hierfür war der aussichtslose Kampf der irakischen Panzertruppen beim Golfkrieg 1990.

Von herausragender Bedeutung für einen erfolgreichen Panzereinsatz ist die Luftüberlegenheit. Panzer sind Angriffen aus der Luft weitgehend schutzlos ausgeliefert. Insbesondere ist es Flugzeugen möglich, gezielt die schwächsten Stellen eines Panzers unter Beschuss zu nehmen. Selbst relativ kleinkalibrige Kanonen können so eine vernichtende Wirkung entfalten. Die deutsche 3,7-cm-Pak war z. B. am Boden gegen die Frontpartien des T-34 gerichtet weitgehend wirkungslos. Ein Geschütz des gleichen Kalibers, das in eine Spezialversion des Sturzkampfbombers Ju-87 eingebaut wurde, erwies sich dagegen bei einem Beschuss der nur schwach gepanzerten Heckpartie als ausreichend wirkungsvoll. Dem deutschen Piloten Hans-Ulrich Rudel gelang es, mit einer solchen Maschine über 500 russische Panzer abzuschießen. Mit zunehmender Kriegsdauer kam der Panzerbekämpfung aus der Luft eine immer größere Bedeutung zu. Heute

Oben: Für die Panzerabwehr mit zwei 3,7-cm-Kanonen ausgerüsteter Sturzkampfbomber Ju-87. Rechts: Nachgestellte Infanteriestellung mit Granatwerfer und Panzerfäusten innerhalb der Afrika-Gruppe im Technik Museum Sinsheim.

stellen Lenkwaffen, die aus Spezialhubschraubern wie dem amerikanischen »Apache« abgefeuert werden, eine der größten Gefahren für die Panzerwaffe dar.

Den größten Fortschritt bei der Panzerbekämpfung auf kurze Distanz brachten kleine Raketengeschosse, die von jedem Infanteristen abgefeuert werden können, und deren »Urahn« die legendäre deutsche Panzerfaust des Zweiten Weltkriegs ist. Sie basieren alle auf dem Prinzip der Hohlladung, die es ermöglicht, mit einer geringen Menge Sprengstoff auch stärkste Panzerungen zu durchschlagen. Das Prinzip zeigt die Abbildung rechts. In einer Hohlladung ist der Sprengstoff kegelförmig angeordnet und mit einer Metallbeschichtung versehen. Das Metall der Beschichtung sollte leicht verformbar sein und eine möglichst hohe Dichte haben. Früher wurde meist Kupfer verwendet, heute kommt auch abgereichertes Uran zum Einsatz. Nach der Zündung konzentriert sich die Sprengkraft in einem kleinen Bereich im Zentrum der Sprengladung. Das Metall der Beschichtung wird durch die Explosionsgase kalt verformt und trifft dann wie ein Stachel mit enormer Wucht auf die Panzerung. Moderne Hohlladungsgeschosse können dadurch Panzerplatten mit einer Dicke von 200 mm und mehr durchschlagen.

Bereits vor der Entwicklung der Panzerfaust wurden von der Infanterie neben Panzerminen und geballten Ladungen auch magnetische Hohlladungen (»Hafthohlladung«) gegen Panzer eingesetzt. Wie alle Taktiken, die einen direkten Kontakt zwischen Panzer und Angreifer voraussetzen, war dies aber nur bei isolierten Panzern möglich, die von der eigenen Streitmacht getrennt waren und keinen Feuerschutz durch andere Panzer oder Begleitinfanterie hatten. Die Bekämpfung einzelner Panzer im Nahkampf war so erfolgreich, dass schon früh im Kriegsverlauf Panzer nicht mehr einzeln, sondern nur noch im Verband oder zusammen mit der Infanterie eingesetzt werden konnten. Die Panzerfaust ermöglichte erstmals die Bekämpfung von Panzern durch die Infanterie auch aus der Distanz.

Als Antrieb für das Hohlladungsgeschoss dient ein Treibsatz, der im einfachsten Fall durch einen simplen Schlagbolzen gezündet wird. Um die Flugbahn zu stabilisieren entfalten sich nach dem Abschuss am hinteren Teil des Geschosses automatisch mehrere kleine Leitbleche. Die Geschwindigkeit, mit der das Geschoss auf den Panzer trifft, ist für die Wirkung unbedeutend, da diese allein durch die Explosionskraft der Hohlladung zustande kommt. Wesentlich wichtiger sind der Auftreffwinkel und ein möglichst optimaler Abstand zwischen Hohlladung und Panzerplatte zum Zeitpunkt des Aufpralls. Da es eine kurze Zeit dauert, bis sich der Metallstachel aufgebaut hat, muss der Sprengstoff

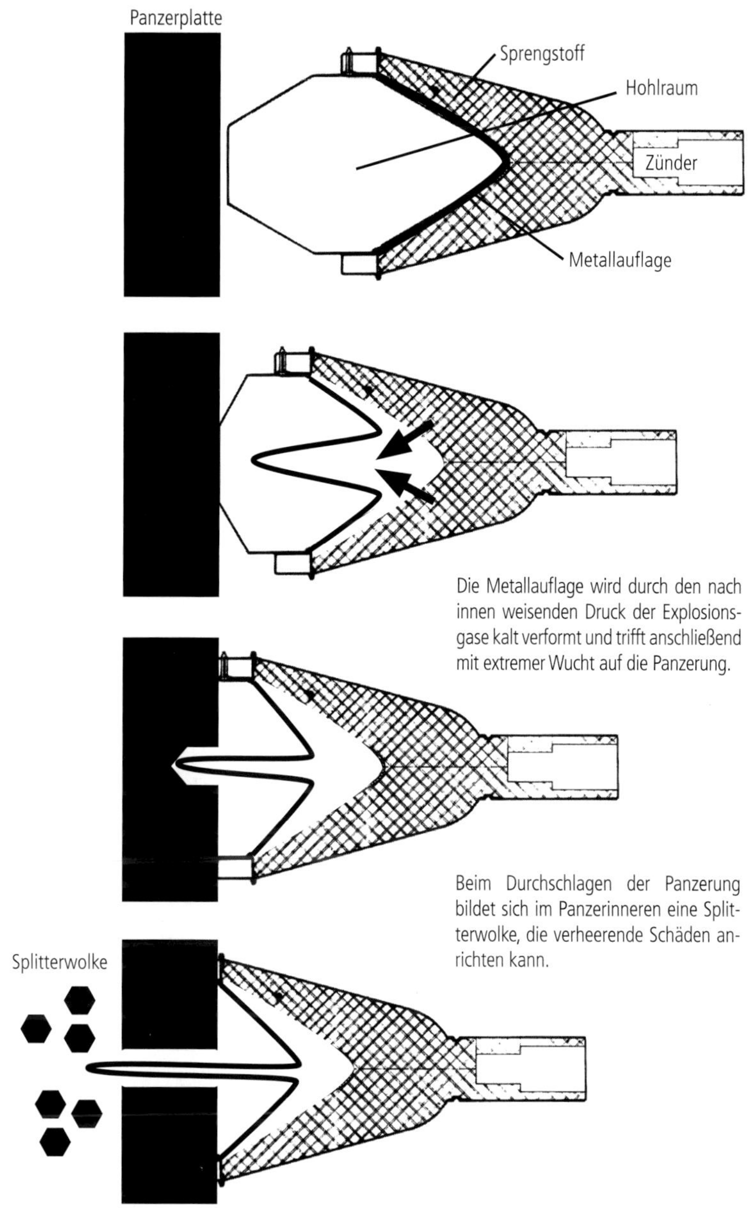

Wirkungsweise einer Hohlladung, wie sie z. B. bei der Panzerfaust verwendet wurde. Die Sprengladung ist kegelförmig angeordnet und mit einer Metallauflage versehen. Der vordere Geschossteil ist hohl. Durch den Aufprall wird der Sprengstoff gezündet. Aufgrund der kegelförmigen Form der Sprengladung bildet sich ein »Stachel« aus kaltverformtem Metall, der auch stärkste Panzerungen durchschlagen kann. Insbesondere durch die Splitterwolke kann die Mannschaft getötet oder verwundet sowie die Munition oder der Treibstoff zur Explosion gebracht werden.

vor der Panzerplatte gezündet werden. Aus diesem Grunde sind Projektile mit Hohlladungen im vorderen Teil leer.

Der Metallstachel hat dann die stärkste Wirkung, wenn er zum Zeitpunkt höchster Intensität auf die Panzerplatte trifft. Schon eine geringe Abweichung vom optimalen Abstand zwischen Panzerplatte und Hohlladung zum Zeitpunkt der Zündung kann ein solches Panzerabwehgeschoss völlig oder teilweise unwirksam machen. Als Schutz vor der Panzerfaust behängten daher z.B. die amerikanischen Soldaten ihre Panzer mit Sandsäcken oder Holzstämmen. Dadurch war der Abstand zwischen Hohlladung und Panzerung zum Zeitpunkt der Zündung zu groß, um die Panzerung durchschlagen zu können. Heute werden Panzer u.a. mit kleinen Sprengstoffpäckchen behängt, die beim Auftreffen eines Hohlladungsgeschosses explodieren und dieses wegschleudern (»reaktive Panzerung«). Des weiteren verwendet man heute mehrschichtige Panzerungen mit einer Keramikeinlage, die zumindest von kleineren Hohlladungsgeschossen nicht durchdrungen werden kann.

Aufgrund der geringen Sprengstoffmenge kann ein Hohlladungsgeschoss einen Panzer nicht direkt zerstören. Der Metallstachel schlägt zunächst nur ein etwa fingerdickes Loch in die Panzerung. Innerhalb des Panzers bildet sich dann eine Wolke aus Metallsplittern, die aus Teilen der Panzerung und der Metallbeschichtung der Hohlladung besteht. Durch die Splitterwirkung und die Druckwelle kann die Panzerbesatzung getötet oder verletzt werden. Des weiteren können die heißen Explosionsgase und die Metallsplitter die Munition und den Treibstoff zur Explosion bringen, mit entsprechend vernichtenden Folgen für Besatzung und Fahrzeug.

Aufgrund der schwachen Treibladung und der geringen Zielgenauigkeit war die Reichweite der Panzerfaust anfangs auf 30 Meter begrenzt. Bei späteren Modellen konnte sie auf 60 bzw. 150 Meter erhöht werden. Trotzdem blieb ihr Einsatz für den Schützen riskant, da seine Stellung durch den Feuerstrahl des Treibsatzes leicht erkennbar war. Außerdem war bei weitem nicht jeder Schuss erfolgreich. In der deutschen Propaganda wurde die Panzerfaust als Wunderwaffe glorifiziert, mit der jeder

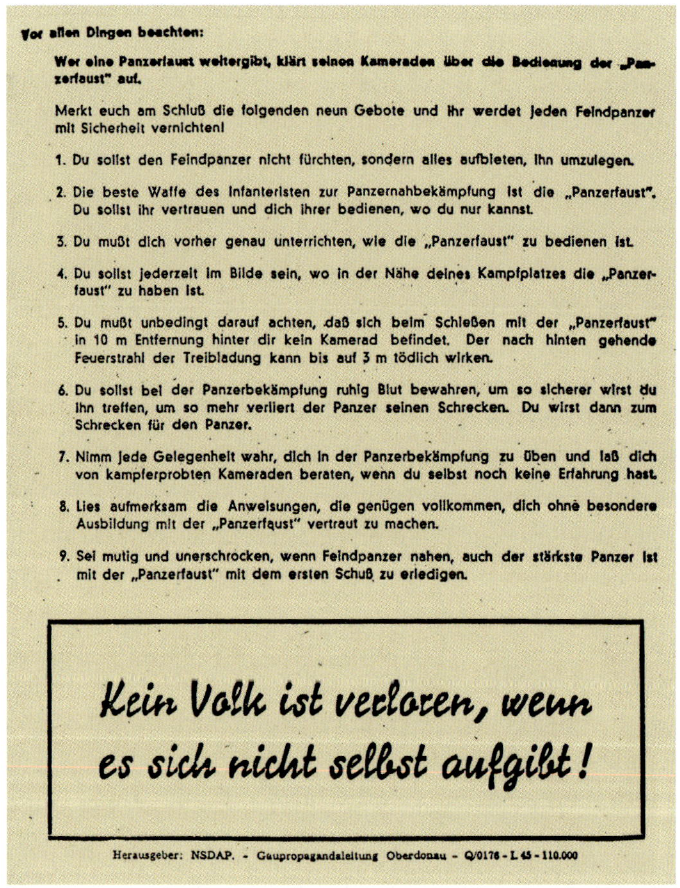

Vor allen Dingen beachten:

Wer eine Panzerfaust weitergibt, klärt seinen Kameraden über die Bedienung der „Panzerfaust" auf.

Merkt euch am Schluß die folgenden neun Gebote und ihr werdet jeden Feindpanzer mit Sicherheit vernichten!

1. Du sollst den Feindpanzer nicht fürchten, sondern alles aufbieten, ihn umzulegen.
2. Die beste Waffe des Infanteristen zur Panzernahbekämpfung ist die „Panzerfaust". Du sollst ihr vertrauen und dich ihrer bedienen, wo du nur kannst.
3. Du mußt dich vorher genau unterrichten, wie die „Panzerfaust" zu bedienen ist.
4. Du sollst jederzeit im Bilde sein, wo in der Nähe deines Kampfplatzes die „Panzerfaust" zu haben ist.
5. Du mußt unbedingt darauf achten, daß sich beim Schießen mit der „Panzerfaust" in 10 m Entfernung hinter dir kein Kamerad befindet. Der nach hinten gehende Feuerstrahl der Treibladung kann bis auf 3 m tödlich wirken.
6. Du sollst bei der Panzerbekämpfung ruhig Blut bewahren, um so sicherer wirst du ihn treffen, um so mehr verliert der Panzer seinen Schrecken. Du wirst dann zum Schrecken für den Panzer.
7. Nimm jede Gelegenheit wahr, dich in der Panzerbekämpfung zu üben und laß dich von kampferprobten Kameraden beraten, wenn du selbst noch keine Erfahrung hast.
8. Lies aufmerksam die Anweisungen, die genügen vollkommen, dich ohne besondere Ausbildung mit der „Panzerfaust" vertraut zu machen.
9. Sei mutig und unerschrocken, wenn Feindpanzer nahen, auch der stärkste Panzer ist mit der „Panzerfaust" mit dem ersten Schuß zu erledigen.

Kein Volk ist verloren, wenn es sich nicht selbst aufgibt!

Herausgeber: NSDAP. - Gaupropagandaleitung Oberdonau - Q/0176 - L 45 - 110.000

Oben links: Diese amerikanische Panzerbesatzung hatte ihren »Sherman« zum Schutz vor der Panzerfaust mit derart vielen Sandsäcken behängt, dass sie von General Patton persönlich einen Verweis erhielt. Oben rechts: Für die deutsche Propaganda war ein Einsatz mit der Panzerfaust wenig mehr als ein Kinderspiel.

nach ein paar Minuten Einweisung furchtlos einem Panzer gegenübertreten konnte. Viele haben dies geglaubt. In den letzten Kriegsmonaten zogen Tausende Kinder und alte Männer nach einer Kurzausbildung nur mit Panzerfäusten bewaffnet an die Front. Für viele war der erste Einsatz auch der letzte.

Noch während des Zweiten Weltkriegs wurde das Prinzip der Panzerfaust weiter verbessert. Eine gewisse Bedeutung erreichte aber nur der den amerikanischen »Bazookas« nachempfundene »Panzerschreck«, auch als »Ofenrohr« bezeichnet. Der »Panzerschreck« konnte im Gegensatz zur Panzerfaust nachgeladen werden und verschoss stärkere Hohlladungsgeschosse. Er war mit einem kleinen Schutzschild mit Visiereinrichtung versehen und wurde üblicherweise von zwei Soldaten bedient.

Bilder links: Eine Raketenpanzerbüchse vom Typ »Panzerschreck« aus der Museumsausstellung, darunter ein Einsatzbild aus dem Zweiten Weltkrieg. Bild rechts oben: Dieser Trupp übt an einem deutschen Panzer V die Anbringung einer magnetischen Hafthohlladung. Bild rechts unten: Als der Krieg schon längst verloren war, zogen noch immer Tausende Kinder und alte Männer nach einer Kurzausbildung nur mit Panzerfäusten bewaffnet an die Front. Für viele war der erste Einsatz auch der letzte.

Vor der Einführung spezieller Nahkampfwaffen zur Panzerbekämpfung wie der Panzerfaust standen der Infanterie zur Bekämpfung von Panzern aus der Distanz nur Panzerabwehrkanonen (Paks) zur Verfügung. Bei Kriegsbeginn 1939 beschränkte sich die Ausrüstung der Panzerjäger auf die 3,7-cm-Pak. Von diesem Geschütztyp sind im Museum Sinsheim mehrere Exemplare ausgestellt. Ein Beispiel zeigt das Bild unten links. Die Wehrmachtsführung war so überzeugt von der 3,7-cm-Pak, dass über 11 000 Stück beschafft wurden. Schon beim Polen- und Westfeldzug zeigte sich jedoch die Wirkungslosigkeit dieser Waffe bei der Bekämpfung schwerer Panzer. Trotzdem tat man sich schwer mit der Beschaffung eines größeren Geschützes.

Dies lag zum einen daran, dass geeignete Zugmaschinen fehlten. Die 3,7-cm-Pak wog nur 450 kg und konnte praktisch an jedes Fahrzeug angehängt und im Feld relativ leicht von der Bedienmannschaft bewegt werden. Ein ganz wichtiger Punkt, denn bei der Panzerbekämpfung ist oft ein schneller Stellungswechsel erforderlich. Das nächst größere Kaliber, die 5-cm-Pak (siehe Bild unten rechts) wog mit rund 986 kg bereits mehr als doppelt so viel.

Zum anderen konnten die wenigen schweren Panzer, auf die man während der Blitzkriege gestoßen war, durch Luftangriffe und die 8,8-cm-Flak (siehe Bild gegenüberliegende Seite oben links) rasch ausgeschaltet werden. Niemand in der Wehrmachtsführung glaubte, dass dies beim Russlandfeldzug anders sein würde. Anstatt die 3,7-cm-Pak zu ersetzen, wurden sogar noch weitere Exemplare beschafft, so dass deren Anzahl bis zum Beginn des Ostfeldzugs im Juni 1941 schließlich auf über 15 500 Stück anwuchs. Lediglich zur Vorsorge beschaffte man noch zusätzlich

1 064 Exemplare der 5-cm-Pak. Dies erschien der Wehrfachtsführung zur Bekämpfung der russischen Panzertruppen als ausreichend.

Aber auch hier sah die Praxis anders aus als die Theorie. Im Spätjahr 1941 setzte die russische Armee erstmals im großen Umfang den T-34 ein. Im Bild oben ist ein T-34 neben einer deutschen 3,7-cm-Pak abgebildet. Man muss kein Militärexperte sein, um zu erkennen, dass die Bekämpfung eines solchen Kolosses mit einer derart kleinen Kanone aussichtslos war. Selbst die 5-cm-Pak erwies sich als nicht stark genug. Nur die 8,8-cm-Flak bewährte sich, aber dieses Geschütz war schwer, enorm aufwändig in der Produktion und, einmal in Stellung gebracht, aufgrund seiner Unbeweglichkeit sehr verwundbar. Die deutschen Truppen wären in Russland schon viel früher in Bedrängnis geraten, wenn ihnen

Bild oben rechts: Ein T-34 neben einer 3,7-cm-Pak. Bilder unten: Deutsche 3,7-cm-Pak (links) und 5-cm-Pak (rechts).

nicht eine große Anzahl russischer 7,62-cm-Paks in die Hände gefallen wären. Das Bild links unten zeigt ein solches Geschütz. Es wurde von den deutschen Soldaten als »Ratsch-Bum« bezeichnet, da das Geschoss so schnell war, dass man den Einschlag meist vor dem Abschussknall hörte. In der Not montierte man einen Teil der russischen 7,62-cm-Geschütze auf die Fahrgestelle der nicht mehr brauchbaren leichten Panzer, um die Panzerjäger beweglicher zu machen. In Sinne einer möglichst einfachen Nachschubversorgung wäre es sicher am sinnvollsten gewesen, ein Geschütz mit dem gleichen Kaliber nachzubauen. Aber man wollte wohl nicht zugeben, dass die Rote Armee in der Lage war, überlegene Waffen zu bauen. Deshalb entschied man sich zum Bau einer eigenen »deutschen« Pak mit dem Kaliber 7,5 cm (siehe Bild unten rechts). Dieses Geschütz war deutlich einfacher zu produzieren als die 8,8-cm-Flak und erwies sich bis Kriegsende als sehr wirkungsvoll. Mit einem Gewicht von 1425 kg war es auch deutlich leichter als die 3500 kg schwere 8,8-cm-Flak. Aber es benötigte eben auch seine eigene Munition und konnte nur aus festen Stellungen eingesetzt werden. Ein Stellungswechsel während des Gefechts war nahezu unmöglich. Im späteren Kriegsverlauf wurden die Pak-Stellungen mehr und mehr ein Opfer der Jagdbomber. Aus diesem Grunde verloren die schweren Paks zunehmend an Bedeutung und wurden, so weit es ging, durch Jagdpanzer ersetzt. Heute spielen Geschütze bei der Panzerabwehr keine Rolle mehr. Sie wurden vollständig durch Lenkwaffen abgelöst, die entweder von der Infanterie oder aus der Luft abgefeuert werden.

Bild oben links: 8,8-cm-Flakgeschütz. Bilder unten: Eine russische 7,62-cm-Pak (links) und eine deutsche 7,5-cm-Pak (rechts).

US Kampfpanzer M24 »Chaffee«

Für die Weiterentwicklung der amerikanischen Panzer erwiesen sich insbesondere die Erfahrungen der britischen Truppen, an die ein Großteil der ersten Modelle geliefert wurden, als äußerst nützlich. Bei den Wüstenkämpfen des Jahres 1942 hatte sich z. B. gezeigt, dass der Hauptnachteil des ersten in Großserie gefertigten leichten US Panzers M3 »Stuart« die unzureichende Bewaffnung war. Man entschied sich daher, das Nachfolgemodell mit einer 7,5-cm-Kanone auszurüsten. Die Panzerung wurde dagegen sogar reduziert, um das Gewicht unter 20 Tonnen halten zu können. Der »Chaffee« eignete sich hervorragend für Aufklärungszwecke. Vor leichten Waffen war er gut geschützt und beim Auftauchen von schweren Panzern konnte er sich aufgrund seiner ausgezeichneten Beweglichkeit schnell zurückziehen.

Die Serienfertigung begann im März 1944, die Auslieferung an die Truppe erfolgte ab Ende 1944. Er kam bei den Endkämpfen in Deutschland und im Pazifikraum sowie im Koreakrieg zum Einsatz. Bis Kriegsende wurden ca. 4500 Einheiten produziert. Die Konstruktion des M24 erwies sich als rundum gelungen. Er wurde daher von vielen Staaten bis in die 1960er Jahre hinein verwendet.

Technische Daten leichter US Kampfpanzer M24 »Chaffee«
Besatzung: 5 Mann; Bewaffnung: eine 7,5-cm-KwK und 3 MG; Panzerung: 9 - 25 mm; Abmessungen: Länge mit Kanone 5,49 m, Breite 2,96 m, Höhe 2,48 m; Gewicht: ca. 18300 kg; Antrieb: 2 wassergekühlte Cadillac 8-Zylinder-Benzinmotoren mit jeweils 110 PS Leistung bei 3400 U/min.; Höchstgeschwindigkeit ca. 56 km/h (Straße) bzw. 40 km/h (Gelände); Fahrbereich (Straße): ca. 160 km

US Kampfpanzer M26 »Pershing«

Im Zweiten Weltkrieg kamen aber nur noch wenige M26 zum Einsatz. Während des Koreakriegs bildete er das Rückgrat der US Panzerwaffe. Wie der »Sherman« war auch der »Pershing« Stammvater einer ganzen Panzerfamilie, von dem zahlreiche Selbstfahrlafetten, Bergepanzer und viele andere Spezialpanzer abgeleitet wurden.

Vergleicht man den »Chaffee« und den »Pershing« mit den Vorgängermodellen »Stuart« und »Sherman«, zeigen sich eindrucksvoll die enormen Fortschritte der amerikanischen Panzer während des Weltkriegs. Nichts erinnert mehr an die eher unbeholfenen Konstruktionen der ersten Jahre. Es wundert daher nicht, dass beide Modelle über Jahrzehnte bei vielen Armeen Verwendung fanden. Trotzdem waren sie den verbesserten deutschen Panzern der letzten Kriegsjahre nicht überlegen. Dies zeigt, zu welchen Leistungen die deutsche Rüstungsindustrie trotz ständiger Bombenangriffe und chronischer Materialknappheit fähig war. Was sie jedoch nicht ausgleichen konnte waren die enormen Produktionszahlen sowohl der amerikanischen als auch der russischen Panzer.

Wie bereits erwähnt, sah die amerikanische Einsatzplanung den gezielten Einsatz von Panzern zur Bekämpfung gegnerischer Panzerverbände eigentlich nicht vor. Entsprechend zögerlich verhielt sich das amerikanische Oberkommando bei der Einführung eines schweren Panzers, der kampfkräftig genug war, um gegen die deutschen »Tiger«- und »Panther«-Modelle erfolgreich eingesetzt werden zu können. Erst als bei der Ardennenoffensive Ende 1944 die Unterlegenheit des »Sherman« zu empfindlichen Verlusten führte, wurde die Serienproduktion des bereits seit August 1944 einsatzbereiten schweren Panzers M26 »Pershing« angeordnet.

Die ersten M26 kamen im Januar 1945 in Deutschland zum Einsatz. Aufgrund der starken Panzerung und der durchschlagstarken 9-cm-Kanone erwies er sich gegenüber dem »Sherman« als großer Fortschritt.

Technische Daten schwerer US Kampfpanzer M 26 »Pershing«
Besatzung: 5 Mann; Bewaffnung: eine 9-cm-KwK und 3 MG; Panzerung: 13 - 102 mm; Abmessungen: Länge mit Kanone 8,7 m, Breite 3,5 m, Höhe 2,78 m; Gewicht: ca. 41 900 kg; Antrieb: Ford 8-Zylinder-Benzinmotor mit 18 Litern Hubraum und 500 PS Leistung bei 2600 U/min.; Höchstgeschwindigkeit: ca. 32 km/h (Straße); Fahrbereich (Straße): ca. 160 km

Die US Panzerhaubitze M7 »Priest« (oben links und rechts Einsatzbilder aus dem 2. Weltkrieg) gehörte zur Erstausstattung der Bundeswehr (Bild links unten).

Bilder links oben und rechts: Der »Chaffee« aus dem Museum diente als Requisite beim Film »Rama dama«, der 1990 unter der Regie von Joseph Vilsmaier gedreht wurde. Bild links unten: Ein M26 »Pershing« beim Einsatz in Deutschland 1945.

Versorgungspanzer »Chenilette«

Technische Daten Versorgungspanzer »Chenilette«
Besatzung: 2 Mann; Bewaffnung: keine oder 1 MG; Panzerung: 7 mm; Abmessungen: Länge 2,69 m, Breite 1,70 m, Höhe 1,04 m; Gewicht: ca. 2000 kg; Antrieb: Renault-Benzinmotor mit 35 PS Leistung; Höchstgeschwindigkeit ca. 29 km/h (Straße) bzw. 20 km/h (Gelände); Fahrbereich: ca. 100 / 70 km; Nutzlast: 160 Kg (mit Anhänger 660 Kg)

Dieser kleine, in Frankreich von Renault gebaute Versorgungspanzer ist eigentlich ein Relikt des für den Ersten Weltkrieg typischen Stellungskriegs. Damals lagen sich die gegnerischen Infanteristen zum Teil jahrelang in ihren Schützengräben gegenüber. Die Versorgung dieser Truppen mit Nachschub war aufgrund des ständigen Beschusses außerordentlich verlustreich. Die ersten größeren Panzereinsätze ab 1917 ließen dann allerdings bereits erkennen, dass ein massierter Panzereinsatz jede statische Stellung aufbrechen kann und der Stellungskrieg damit der Vergangenheit angehören würde.

Trotzdem gab das französische Militär Ende der 1920er Jahre den Auftrag zum Bau eines leicht gepanzerten Versorgungspanzers, der eine Nutzlast von ca. 200 kg transportieren sollte. Damit die Besatzung bei der Versorgung nicht aussteigen musste, wurde anstatt eines Laderaums ein von innen abwerfbarer Behälter benutzt. Obwohl gerade Frankreich neben Großbritannien während des Ersten Weltkriegs im Panzerbau führend war, ging man nach wie vor davon aus, dass es auch im nächsten Krieg wieder zu lang andauernden Stellungsgefechten kommen würde. Der Versorgungspanzer sollte es ermöglichen, diese Truppen geschützt vor Maschinengewehrfeuer versorgen zu können. Dies zeigt, wie sehr Militärs oft in ihrer Erfahrungswelt gefangen sind und versuchen, Kriege mit den Mitteln und Strategien der Vergangenheit zu gewinnen.

Die »Chenilette« erfüllte die in sie gesetzten Erwartungen und wurde sogar zusätzlich mit einem speziellen, auf einem Kettenfahrwerk laufenden Anhänger mit weiteren 500 kg Nutzlast versehen. Des weiteren diente sie als Zugmittel für die 2,8-cm-Pak. Einige Exemplare wurden mit einem Hotchkiss MG bewaffnet. Das Museumsstück wurde vom französischen Expeditionscorps 1940 bei Narvik zurückgelassen und danach von der deutschen Armee bis zum Kriegsende 1945 benutzt.

Englischer Schützenpanzer »Bren Carrier«

Technische Daten englischer Schützenpanzer »Bren Carrier«
Besatzung: 4 Mann; Bewaffnung: 1 MG; Panzerung: 8 - 11 mm; Abmessungen: Länge (mit MG) 3,65 m, Breite 2,05 m, Höhe 1,45 m; Gewicht: ca. 3800 kg; Antrieb: Ford-V8-Benzinmotor mit 85 PS Leistung; Höchstgeschwindigkeit ca. 48 km/h (Straße); Fahrbereich: ca. 250 km (Straße); Stückzahl: über 40000

Der britische »Bren Carrier« basiert ebenfalls auf den Erfahrungen des Ersten Weltkriegs, weist aber im Gegensatz zur »Chenilette« in die Zukunft. Vom Konzept her handelt es sich um ein selbstfahrendes Maschinengewehr, das, geschützt durch die Panzerung, gegnerische MG-Stellungen angreifen und ausschalten sollte. Des weiteren konnten mit dem »Bren Carrier« Infanteristen geschützt vor den leichten Infanteriewaffen bis unmittelbar vor die gegnerischen Linien transportiert werden. Während das Einsatzkonzept der »Chenilette« den Stellungskrieg als gegeben ansah, sollte der »Bren Carrier« solche Stellungen aufbrechen oder gar nicht erst entstehen lassen. Er wird daher als der erste Schützenpanzer der Militärgeschichte angesehen.

Die Entwicklung des »Bren Carrier« begann 1936, ab 1938 wurde er bei der britischen Armee eingeführt und bis weit über das Kriegsende hinaus bei den Westalliierten verwendet. Über 40000 Stück wurden in England, Kanada und den USA gebaut. Schon 1938 erhielt jede britische Infanteriedivision 10 »Bren Carrier« als Unterstützungswaffe. Die Wehrmacht hatte nichts Vergleichbares. Nach 1945 gehörte er zur Erstausstattung der Bundeswehr, wo er bis in die 1960er Jahre im Einsatz war.

Bilder links: Deutsche Truppen mit erbeuteten »Chenilette« Versorgungspanzern. Rechts oben: Der im Museum gezeigte »Bren Carrier« kam nahezu komplett in die Museumswerkstatt, wo er vollständig restauriert wurde. Rechts unten: Ein bei den kanadischen Truppen eingesetzter »Bren Carrier« mit einem größeren Maschinengewehr, das oberhalb des Schutzschildes montiert wurde.

Die Zeit nach dem Zweiten Weltkrieg

Nach der Niederlage Deutschlands erwiesen sich die weltanschaulichen Unterschiede zwischen dem kapitalistischen Westen und der kommunistischen Sowjetunion als unüberbrückbar. Die Zeit des Kalten Krieges begann, der nur deswegen nicht zum dritten Weltkrieg wurde, weil das auf beiden Seiten vorhandene atomare Vernichtungspotenzial keinen Platz für einen Sieger gelassen hätte. Der beispiellose Rüstungswettlauf beschränkte sich aber nicht auf atomare Waffen, auch die konventionellen Arsenale wurden jahrzehntelang mit einem gigantischen Aufwand ständig modernisiert und erweitert. Die regional begrenzten Konflikte dieser Zeit wie die Kriege in Korea, Vietnam und Afghanistan sowie die diversen Nahostkriege boten reichlich Gelegenheit zum Einsatz und wurden von beiden Seiten genutzt, um den ideologischen Gegner von der eigenen Überlegenheit zu überzeugen.

Auch die Panzerwaffe war Teil dieser Entwicklungen. Mitteleuropa wurde naturgemäß als Hauptschlachtfeld für einen möglichen Großkonflikt angesehen, wobei Panzer bei den strategischen Planungen eine wesentliche Rolle spielten. Auf dem Höhepunkt des Kalten Krieges standen sich in Europa über 25000 Panzer gegenüber. Wie bedeutend sie gewesen wären, bleibt zum Glück Spekulationen überlassen. Die Panzerausstellung, insbesondere auf dem Freigelände des Technik Museum Sinsheim, gibt den Besuchern die Möglichkeit, einige der wichtigsten Panzer dieser Zeit selbst in Augenschein zu nehmen. Sie werden auf den nächsten Seiten vorgestellt.

Welche Bedeutung werden Panzer für zukünftige militärische Auseinandersetzungen haben? Wie bereits angesprochen sind Panzer in erster Linie Angriffswaffen, die ihre größte Wirkung entfalten, wenn sie gemeinsam mit Luft- und Bodentruppen auf freiem Gelände in großer Zahl gegen den Gegner geführt werden. Mit der weitgehenden Auflösung des Ost-West-Konfliktes sind solche offenen Feldschlachten unwahrscheinlich geworden. Die vielleicht letzte große Panzerschlacht der Militärgeschichte fand während des Golfkriegs 1990 in der Wüste von Kuwait statt. Binnen kürzester Zeit vernichteten die mit dem hochmodernen »Abrams« ausgerüsteten amerikanischen Verbände Hunderte irakische Tanks ohne eigene Verluste. Dabei war die irakische Armee durchaus gut mit Panzern bestückt gewesen. Sie verfügte u.a. über ca. 500 T-72, 1600 T-62 und 700 T-54. Es darf aber nicht übersehen werden, dass die Amerikaner die absolute Luftüberlegenheit besaßen, und aufgrund der elektronischen Aufklärung über die Position jedes irakischen Tanks informiert waren. Diese waren zum großen Teil im Wüstensand eingegraben, um sie vor den Luftangriffen zu schützen. Als besonders entscheidend erwiesen sich die von den Amerikanern eingesetzten panzerbrechenden Geschosse mit einem Kern aus abgereichertem Uran. Diese besonders schnellen, stiftförmigen Geschosse können aufgrund der hohen Dichte des Urans auch stärkste Panzerungen durchschlagen. Aufgrund der beim Aufschlag freigesetzten Energie fängt das Uran Feuer und entwickelt nach dem Durchschlag eine noch verheerendere Wirkung wie ein Hohlladungsgeschoss. Die Iraker hatten nichts Vergleichbares. Der Reichweitenvorteil der amerikanischen Uran-Granaten im Vergleich zu den herkömmlichen, von den Irakern verwendeten Panzergranaten lag bei ca. 1000 Metern. Beim Kampf gegen einen vergleichbar ausgerüsteten Gegner wären auch die amerikanischen Verluste erheblich gewesen.

Da Panzerschlachten in freiem Gelände kaum noch vorkommen werden, bleibt die Verwendung von Panzern als Unterstützungswaffe für die Infanterie. Der Erfolg hängt hierbei ganz wesentlich von den Einsatzbedingungen ab, da Panzer in Städten oder in unübersichtlichem Gelände anfällig für Minen oder einen Beschuss mit mobilen Panzerabwehrraketen sind. In vielen Regionen der Erde sind schwere Panzer aufgrund der regionalen Besonderheiten überhaupt nicht einsetzbar. Die zerklüfteten Bergregionen Afghanistans waren für die russischen Panzer unerreichbar, und beim Einmarsch im Kosovo 1999 stand die NATO vor dem Problem, dass es kaum Brücken gab, die das Gewicht eines Panzers tragen konnten. Kämpfe gegen terroristische Gruppierungen finden zudem oft fernab von den eigenen Versorgungsbasen statt, was insbesondere die nachschubintensive Panzerwaffe vor kaum lösbare Probleme stellt, sofern ein Panzereinsatz überhaupt sinnvoll ist. Die Bedeutung des schweren Panzers wird daher in der Zukunft vermutlich geringer werden. Aus diesem Grund hat sich die Bundeswehr entschlossen, den größten Teil ihrer Panzer außer Dienst zu stellen. Auch bei der US-Armee gehen die Bestrebungen dahin, die schweren Panzer durch leichtere Fahrzeuge zu ersetzen, die auf dem Luftweg ins Einsatzgebiet transportiert werden können. Intensiv wird an kleinen, ferngelenkten Panzerfahrzeugen gearbeitet, die ohne Besatzung auskommen. Es bleibt zu hoffen, dass sich die derzeit zu beobachtenden Entwicklungen fortsetzen, und die Menschheit auf Dauer zumindest von militärischen Großkonflikten verschont bleibt.

Leichter Kampfpanzer M41 »Walker Bulldog«

Am Ende des 2. Weltkriegs war der mit einer 7,5-cm-Kanone bewaffnete M24 »Chaffee« der leichte Standardpanzer der US Armee. Obwohl dieser kaum zum Einsatz gekommen war, begann man unmittelbar mit der Entwicklung einer verbesserten Version. Der erste Prototyp, bei dem das Fahrwerk des »Chaffee« weitgehend unverändert übernommen wurde, ging 1949 in die Erprobung. Aus ihm entstand nach einigen Verbesserungen schließlich der M41, der ab 1950 von der Cadillac Car Division der General Motors Corporation in Serie produziert wurde.

Der M41 »Walker Bulldog« wurde erstmalig 1951 in Korea neben dem »Chaffee« insbesondere für Aufklärungszwecke verwendet, wo er sich aufgrund seiner Schnelligkeit und der guten Kanone bewährte. Danach wurde er bei allen NATO-Staaten mit Ausnahme von England und Luxemburg eingesetzt. Er gehörte nach 1955 zur Erstausrüstung der Bundeswehr, wo er bei den Aufklärungsverbänden als Aufklärungspanzer und, als einziger NATO-Einheit, bei den Panzergrenadieren auch als Panzerjäger diente. 2006 war er noch immer in einigen Ländern im aktiven Dienst, z.B. in Thailand.

Technische Daten leichter US Kampfpanzer M41 »Walker Bulldog«
Besatzung: 4 Mann; Bewaffnung: eine 7,62-cm-KwK und 2 MG; Panzerung: 12-38 mm; Abmessungen: Länge mit Kanone 8,21 m, Breite 3,20 m, Höhe mit Flak-MG 3,1 m; Gewicht: ca. 23 500 kg; Antrieb: Continental 6-Zylinder-Benzinmotor mit 500 PS Leistung bei 2800 U/min.; Höchstgeschwindigkeit: ca. 68 km/h (Straße) bzw. 40 km/h (Gelände); Fahrbereich: ca. 150 / 110 km

Englischer Spähpanzer »Ferret«

Zu Beginn der 1950er Jahre gab das britische Verteidigungsministerium als Nachfolger für den Daimler Dingo Scout Car einen neuen leichten Spähpanzer in Auftrag, der mit Radantrieb und einem drehbaren MG-Turm ausgestattet sein sollte. 1953 begann der Truppenversuch. Ab 1954 ging das Fahrzeug in Serie und wurde als leichter Spähpanzer »Ferret« bei der englischen Armee und von den Staaten des Commonwealth eingeführt. Von der britischen Armee sowie den Commonwealth-Staaten auch als Führungs-, Funk-, und Raketenpanzer eingesetzt, wurde er bis in die 1980er Jahre verwendet. Bis 1971 wurden insgesamt 4409 »Ferrets« in 16 unterschiedlichen Grundversionen gebaut. Das Museumsexemplar, Modell Mk2 FV701, war bis 1978 bei der britischen Rheinarmee im Einsatz.

Technische Daten englischer Spähpanzer M41 »Ferret«
Besatzung: 2 Mann; Bewaffnung: je nach Verwendung 1 MG 7,62 mm und Panzerabwehrraketen »Vigilant« oder »Swingfire«; Panzerung: 7-16 mm; Abmessungen: Länge 3,84 m, Breite 1,91 m, Höhe 1,45 m; Gewicht: ca. 4390 kg; Antrieb: luftgekühlter Rolls-Royce 4-Zylinder-Benzinmotor mit 129 PS bei 4100 U/min; Höchstgeschwindigkeit: ca. 95 km/h (Straße); Fahrbereich: ca. 370 km

Oben: Der im Museum gezeigte »Ferret« Spähpanzer wurde von einem Hubschrauber eingeflogen. Unten: »Ferret« Spähpanzer mit einem Aufsatz für »Vigilant«-Panzerabwehrraketen.

Französischer Spähpanzer EBR 75

Die Entwicklung des hier gezeigten französischen Spähpanzers begann bereits in den 1930er Jahren bei Panhard. Der erste Prototyp wurde 1948 fertig und war auf Anhieb ein Erfolg. In der Zeit von 1950-1960 wurden 1200 Stück gebaut. Beim französischen Heer heißt er EBR (Engin Blindé de Reconnaissance).

Der Spähpanzer verfügt über ein unkonventionelles Fahrwerk. Er hat acht Räder, von denen die vorderen und hinteren gelenkt werden. Diese sind normal bereift. Dazwischen sitzen vier Stahlräder. Bei Geländefahrt werden sie bis zum Bodenkontakt abgesenkt, und verbessern so die Geländegängigkeit. Durch die Bereifung und den starken Motor erreichte der EBR auf der Straße eine Spitzengeschwindigkeit von 105 km/h. Durch die zuschaltbaren 4 Eisenräder konnte er dennoch im Gelände mit jedem Panzer konkurrieren. Als weitere Besonderheit hat der EBR je einen Fahrer vorn und hinten. Er kann sich dadurch blitzschnell zurückziehen, ohne wenden zu müssen.

Der EBR überzeugte durch seine Schnelligkeit, Geländegängigkeit und die hervorragende 7,5-cm-Kanone. Es wurde in den Aufklärungsregimentern der französischen und der belgischen Armee sowie in zahlreichen Staaten der 3. Welt eingesetzt. Der EBR des Technik Museum Sinsheim stammt vom 1. Reg. De Spahis aus Speyer, wo er bis zu dessen Rückverlegung nach Frankreich im Februar 1984 stationiert war.

Technische Daten französischer Spähpanzer EBR 75
Besatzung: 4 Mann; Bewaffnung: eine 7,5-cm-KwK L/48 und drei 7,5 mm MG; Panzerung: 11-40 mm; Abmessungen: Länge 5,60 m, Breite 2,30 m, Höhe 2,15 m; Gewicht: ca. 13500 kg; Antrieb: 6-Zylinder-Unterflur-Motor mit 180 PS bei 3800 U/min; Höchstgeschwindigkeit: ca. 105 km/h (Straße); Fahrbereich (Straße): ca. 650 km

Französischer EBR Spähpanzer im Manövereinsatz.

US Kampfpanzer M47 »Patton«

Unter dem Eindruck des sich anbahnenden Kalten Krieges entschloss sich die US Armee, auch die Ausrüstung mit schweren Panzern zu verbessern. Durch den Einbau eines stärkeren Motors entstand aus dem M26 als Zwischenlösung zunächst der M46, der schließlich zum hier gezeigten Modell M47 weiterentwickelt wurde. Dieser ersetzte ab 1952 schrittweise die noch recht zahlreich vorhandenen »Sherman«-Modelle sowie den M26 und auch den M46.

Im Vergleich zum M26 bzw. M46 wurden das Fahrwerk und die Kanone nur geringfügig überarbeitet, während der Turm neu gestaltet wurde. Mit dem M47 besaßen die USA einen Panzer, der den russischen Modellen dieser Zeit, wie dem T54 und dem »Josef Stalin«, zumindest ebenbürtig war. Er wurde in der Folgezeit in vielen NATO-Armeen, darunter auch von der Bundeswehr, bis in die 1970er Jahre hinein genutzt. Der im Museum gezeigte M47 war 1953 in Korea und anschließend bei der italienischen Armee im Einsatz, wo er 1979 ausgemustert wurde.

Technische Daten schwerer US Kampfpanzer M47 »Patton«
Besatzung: 5 Mann; Bewaffnung: eine 9-cm-KwK und 3 MG; Panzerung: 50 - 100 mm; Abmessungen: Länge mit Kanone 7,1 m, Breite 3,51 m, Höhe 2,96 m; Gewicht: ca. 46 200 kg; Antrieb: Continental 12-Zylinder-Benzinmotor mit 700 PS Leistung bei 2800 U/min.; Höchstgeschwindigkeit: ca. 48 km/h (Straße); Fahrbereich: ca. 125 / 85 km (Benzinverbrauch 700 l/ 100 km!); Stückzahl: ca. 8 600

US Kampfpanzer M48 »Patton«

Die sich immer schneller drehende Rüstungsspirale führte bereits unmittelbar nach der Serienreife des M47 zum M48. Wesentliche Neuerungen waren ein nochmals umgestalteter Turm, eine bessere Zieloptik mit ballistischem Rechner und ein Nachtsichtgerät. Des weiteren ging man daran, den extremen Treibstoffverbrauch zu reduzieren, der den Aktionsradius des M47 und der ersten M48 Modelle auf wenig mehr als 100 Kilometer begrenzte. Hierzu erhielt der M48 ab 1955 zunächst einen Einspritzmotor anstelle des bis dahin üblichen Vergasermotors, ab 1959 wurden 2000 M48 mit Dieselmotoren nachgerüstet. Hierdurch wurde nicht nur der Fahrbereich auf rund 460 Kilometer erhöht, sondern auch die Brandgefahr wesentlich reduziert.

Die Modelle M47 und M48 waren bis in die 1960er Jahre die Standardpanzer der US Armee und bildeten u.a. das Rückgrat der Panzerstreitkräfte während des Vietnamkriegs. Darüber hinaus wurden sie auch bei vielen anderen NATO-Nationen sowie in Israel eingesetzt. Noch 1967 gehörte der M47 zur Standardausstattung in Belgien, Frankreich, Griechenland, Italien und der Türkei.

Technische Daten schwerer US Kampfpanzer M48A3 »Patton«
Besatzung: 4 Mann; Bewaffnung: eine 9-cm-KwK und 2 MG; Panzerung: 50-120 mm; Abmessungen: Länge mit Kanone 9,15 m, Breite 3,6 m, Höhe 3 m; Gewicht: ca. 49 000 kg; Antrieb: Continental-Dieselmotor mit 600 PS Leistung bei 2400 U/min; Höchstgeschwindigkeit: ca. 48 km/h (Straße); Fahrbereich (Straße): ca. 460 km

Bild links oben: Ein M41 im Einsatz bei der Bundeswehr. Bilder rechts oben und Mitte: M47 Panzer der Bundeswehr beim »Wintershield«-Manöver, das im Februar/März 1960 im Raum Regensburg-Hohenfels-Grafenwöhr durchgeführt wurde. Bild links unten: Ein M48 der Bundeswehr. Bild rechts unten: Amerikanische M48 Panzer bei einem Manöver in Süddeutschland.

Schweizer Kampfpanzer 61

Der hier gezeigte Kampfpanzer 61 ist eine Eigenentwicklung des Schweizer Heeres. Während des Zweiten Weltkriegs verfügte die Schweizer Armee nur über wenige, veraltete Panzer. Angesichts des Kalten Krieges begann man in den 1950er Jahren, eine eigene Panzertruppe aufzubauen. So entstand als Zwischenlösung zunächst der Panzer 61, von dem ab 1965 150 Stück gebaut wurden. Sein Nachfolger war der verbesserte Panzer 68, von dem die Schweizer Armee zwischen 1971 und 1982 in vier Serien 390 Stück in Dienst stellte. Daneben wurden auch englische »Centurion«- und deutsche »Leopard«-Panzer beschafft. Aufgrund der veränderten Sicherheitslage sind alle diese Panzer mit Ausnahme der »Leopard 2« inzwischen ausgemustert und überwiegend verschrottet worden. Die letzten Panzer 68 wurden 2005 dem Recycling zugeführt, nachdem ein Verkauf an die thailändische Armee, die als einzige ein Interesse an den Panzern bekundet hatte, gescheitert war. Der Panzer 61 war mit der britischen 10,5-cm-Kanone L7 bewaffnet. Dank des relativ leichten Panzerschutzes wog er kampffertig nur 39 Tonnen und erreichte beachtliche 55 km/h.

Technische Daten Schweizer Kampfpanzer 61

Besatzung: 4 Mann; Bewaffnung: eine 10,5-cm-Kanone, ein 7,5-mm-MG, ein 7,5-mm-FlaMG, je drei Nebelwerfer an der Turmseite; Panzerung: max. 60 mm; Abmessungen: Länge mit Kanone 9,49 m, Breite 3,14 m, Höhe 2,75 m; Gewicht: ca. 39 000 kg; Antrieb: MTU 8-Zylinder-Dieselmotor mit 705 PS bei 2200 U/min; Höchstgeschwindigkeit: ca. 55 km/h (Straße); Fahrbereich (Straße): ca. 300 km

Englischer Kampfpanzer »Centurion Mk13«

Der »Centurion« war das letzte britische Panzermodell des Zweiten Weltkriegs. Am 14. Mai 1945, also wenige Tage nach Kriegsende, wurden die ersten sechs »Centurion«-Panzer in Southampton verladen und nach Deutschland gebracht. Er blieb danach noch viele Jahre im Einsatz und gehörte zur Standardausstattung der britischen Armee. Zwischen 1945 und 1967 wurden ca. 4000 Exemplare in unterschiedlichen Ausführungen produziert und auch in andere Länder exportiert. Insgesamt gab es 13 Baumuster des »Centurion«. Er diente als Grundlage für eine Reihe von Spezialfahrzeugen wie Brückenlegepanzer, Bergepanzer, Pionierpanzer, Selbstfahrlafetten usw. Noch in den 1990er Jahren war der »Centurion« in einigen Armeen zu finden. Auch Israel hatte zeitweise 1000 umgebaute »Centurion« in seiner Panzertruppe.

Im Laufe der Entwicklung wurde die Bordkanone zweimal geändert. Auf den 17-Pfünder- folgte eine 20-Pfünder-8,3-cm-Kanone, die wiederum von einer 10,5-cm-Kanone abgelöst wurde. Auch die Panzerung wurde zweimal verstärkt. Dazu erhielt der Panzer ein Infrarot-Fahr- und Gefechtssystem mit einem »Schwarzweiß«-Suchscheinwerfer und einen Laser-Entfernungsmesser. Die letzte Version, der »Centurion Mk13«, wog kampffertig 52 Tonnen und verfügte über 610mm breite Kette. Das im Museum gezeigte Exemplar war bei der Schweizer Armee im Einsatz.

Technische Daten englischer Kampfpanzer »Centurion Mk13«
Besatzung: 4 Mann; Bewaffnung: eine 10,5-cm-Kanone L7, ein 7,62-mm-MG koaxial dazu, ein 12,7-mm-Einschieß-MG, ein 7,62-mm-MG auf der Kommandantenkuppel, sechs Nebelwerfer an jeder Turmseite; Panzerung: 17-152 mm; Abmessungen: Länge mit Kanone 9,85 m, Breite 3,39 m, Höhe 3,01 m; Gewicht: ca. 52000 kg; Antrieb: Rolls-Royce Meteor Mk IVB flüssigkeitsgekühlter 12-Zylinder-Benzinmotor mit 650 PS Leistung bei 2550 U/min.; Höchstgeschwindigkeit: ca. 35 km/h (Straße); Fahrbereich (Straße): ca. 190 km

Deutscher Kampfpanzer »Leopard 1«

Der »Leopard 1« war der erste in Deutschland konstruierte Kampfpanzer nach dem Zweiten Weltkrieg. Nur vier Jahre nach der Gründung der Bundeswehr ging 1959 an die Firmengruppen Porsche-Atlas/MaK-Luther-Jung sowie Ruhrstahl-Henschel-Rheinstahl/Hanomag-Rheinmetall-Wegmann der Auftrag zur Entwicklung eines neuen Standardpanzers, der u. a. die veralteten M47 und M48 »Patton« ersetzen sollte. Damit bot sich die Gelegenheit, die Erfahrungen der Kriegsjahre in einen von Grund auf neu entwickelten Panzer einfließen zu lassen.

1961 wurden die Prototypen bemustert, 1962 fiel die Entscheidung zugunsten des unter der Führung von Porsche entwickelten Modells. Da der Versuch scheiterte, den Panzer gemeinsam mit Frankreich oder den Vereinigten Staaten zu bauen, erhielt 1963 die ehemalige Lokomotivenfabrik Krauss-Maffei in München den Produktionsauftrag. Der erste »Leopard« lief im September 1965 vom Band, er wurde bis 1976 in 6 Grundmodellen gebaut. Daneben entstanden zahlreiche länderspezifische Exportversionen. Viele Staaten kauften den Panzer für ihre Streitkräfte, darunter Australien, Belgien, Kanada, Dänemark, Italien, die Niederlande, Norwegen und die Schweiz. Das Fahrwerk bildete die Basis für viele Spezialfahrzeuge wie den Fla-Panzer »Gepard«, den Brückenleger »Biber«, den Pionierpanzer »Dachs« und den »Leopard«-Bergepanzer. Insgesamt beschaffte die Bundeswehr einschließlich der Spezialpanzer ca. 3600 »Leopard 1«, davon 2347 Kampfpanzer.

Der »Leopard 1« war anfangs mit der gleichen 10,5-cm-L7-Kanone bewaffnet wie der Schweizer Panzer 61 und der »Centurion Mk13«. 60 Granaten konnten mitgeführt werden. Neben einem Nachtsichtgerät verfügt er über eine Ausrüstung zum Schutz gegen atomare, chemische und bakteriologische Waffen. Er kann ohne Vorbereitung bis zu 2,25 Meter tiefes Wasser durchfahren, mit Schnorchel überwindet er Wasserhindernisse mit einer Tiefe bis zu 4 Meter. Ein Motor- und Getriebewechsel ist innerhalb von 30 Minuten auch im Gelände möglich.

Bis zum Modell »A2« war der »Leopard 1« mit einem gegossenen Turm ausgerüstet. Danach wurde die Produktion auf geschweißte Türme umgestellt, die nicht nur einen besseren ballistischen Schutz

boten, sondern aufgrund des vergrößerten Innenraums auch eine Nachrüstung mit verbesserten Zieleinrichtungen für den Tag- und Nachtkampf erlaubten. Um trotz der geringen Motorleistung eine möglichst hohe Geschwindigkeit erreichen zu können, blieb die Panzerung mit maximal 70 mm am Wannenbug und maximal 112 mm am Turm bis zum Schluss recht schwach.

Schon 1964, also unmittelbar nach der Serienreife des »Leopard 1«, begann die Entwicklung des Nachfolgemodells »Leopard 2«, die sich über 15 Jahre erstreckte. 1979 kamen die ersten Fahrzeuge zur Auslieferung. Trotzdem wurde der »Leopard 1« bis 1992 ständig im Kampfwert gesteigert. Unter anderem erfolgte bei 1339 Fahrzeugen eine Nachrüstung mit der 12-cm-Glattrohrkanone, die auch beim »Leopard 2« verwendet wird. Inzwischen sind alle »Leopard 1« von der Bundeswehr ausgemustert und durch den »Leopard 2« ersetzt worden. Bei zahlreichen anderen Staaten ist der »Leopard 1« aber noch immer im Einsatz.

Im Museum sind zwei »Leopard 1« ausgestellt. Der Panzer auf der gegenüberliegenden Seite ist sowohl ein Unikum als auch eine Rarität. Bei diesem Fahrzeug stammt die Wanne von einem Leopard Prototyp II. Sie wurde 1960 für Fahrversuche verwendet und war danach als Zielobjekt für Beschussversuche vorgesehen. Die historisch wertvolle Prototyp-Wanne konnte jedoch 1984 gerettet und ins Museum gebracht werden. Der Turm dagegen stammt von einem regulären Leopard 1 Serienmodell. Der auf dieser Seite gezeigte Panzer ist ein »Leopard 1« in der Ausführung A2, von der zwischen 1972 und 1973 232 Exemplare gebaut wurden.

Technische Daten deutscher Kampfpanzer »Leopard 1«
Besatzung: 4 Mann; Bewaffnung: eine 10,5-cm-Kanone L7, zwei 7,62-mm-MG; Panzerung: 25-112 mm; Abmessungen: Länge mit Kanone 9,54 m, Breite 3,37 m, Höhe 2,40 m; Gewicht: ca. 42000 kg; Antrieb: flüssigkeitsgekühlter MTU V10-Zylinder-Mehrstoffmotor mit 37,4 l Hubraum und 810 PS Leistung; Höchstgeschwindigkeit: ca. 65 km/h (Straße); Fahrbereich (Straße): ca. 600 km

Bilder links: »Centurion«-Kampfpanzer bei einem »Reforger«-Manöver. Bild rechts oben: »Centurion«-Kampfpanzer bei einer Schweizer Panzereinheit. Bild rechts Mitte: Das Museumsexemplar bei der Ankunft auf dem Freigelände. Bild rechts unten: Schweizer Kampfpanzer 61 im Gelände.

Bild links oben: Ein »Leopard 1« beim Durchqueren eines Wasserhindernisses. Bild rechts oben: »Leopard 1«-Kampfpanzer der Bundeswehr in der Grundausführung A1/A2. Übrige Bilder: »Leopard 1«-Kampfpanzer bei einem Bundeswehrmanöver Mitte der 1960er Jahre.

US Mannschaftstransporter M59

Artillerie, Luftwaffe und Panzer können dem Gegner zwar große Verluste zufügen, ein Gefecht ist aber letztendlich erst entschieden, wenn das umkämpfte Territorium von der eigenen Infanterie in Besitz genommen wird. Ein ungeschützter Vormarsch ist dabei häufig mit großen Verlusten insbesondere durch feindliches Maschinengewehrfeuer verbunden. Um diese Verluste zu reduzieren, wurden bereits im Zweiten Weltkrieg leicht gepanzerte Fahrzeuge entwickelt, mit denen Infanteristen, bei der Bundeswehr als Panzergrenadiere bezeichnet, vor leichten Waffen geschützt bis unmittelbar in die Kampfzone transportiert werden können. Nach dem Ausstieg bieten die Fahrzeuge eine erste Deckung und können den Infanteristen beim Vorrücken zusätzlich Feuerschutz geben. Je nach Einsatzzweck steht entweder die Transport- oder die Unterstützungsfunktion im Vordergrund.

Der im Museum ausgestellte M59 wurde unter dem Eindruck des Koreakriegs entwickelt, und ab 1954 bei der US Armee eingeführt. Es handelt sich in erster Linie um einen Mannschaftstransporter, mit dem neben dem Kommandanten und dem Fahrer zehn Infanteristen ins Kampfgebiet transportiert werden können. Die gesamte Rückseite konnte hydraulisch geöffnet und wasserdicht verschlossen werden. Dies war sein großer Vorzug, denn er konnte ruhige Binnengewässer ohne besondere Vorbereitungen durchschwimmen. Die Gleisketten trieben das Fahrzeug mit 7 km/h im Wasser an. Zur Unterstützung der Infanterie war der M59 mit einem schweren Maschinengewehr bewaffnet. Elvis Presley war während seiner Militärzeit in Deutschland Kommandant eines M59.

Technische Daten US Mannschaftstransporter M59
Besatzung: 2 Mann und 10 Infanteristen; Bewaffnung: ein MG; Panzerung: max. 16 mm; Abmessungen: Länge 5,46 m, Breite 3,25 m, Höhe 2,48 m; Gewicht: ca. 18 000 kg; Antrieb: zwei wassergekühlte Benzinmotoren mit je 125 PS; Höchstgeschwindigkeit: ca. 53 km/h

Links oben: Die Infanteristen konnten den M59 durch eine wasserdichte Luke an der Rückseite verlassen. Rechts oben: Der M59 war voll schwimmfähig und konnte ruhige Gewässer ohne Vorbereitung durchqueren. Links unten: Ein M59 beim »Wintershield« Manöver im Februar 1960 in der Oberpfalz. An diesem Manöver nahm auch Elvis Presley als Kommandant eines M59 teil (Bild rechts unten, ganz rechts).

Schützenpanzer kurz »Hotchkiss«

Bereits unmittelbar nach der Gründung der Bundeswehr fiel die Entscheidung, die neu aufgestellte Truppe mit einer großen Anzahl Schützenpanzer auszurüsten. Diese Fahrzeuge sollten die Panzergrenadiere nicht nur transportieren sondern, auch im Kampf effektiv unterstützen können und, in der Langversion, auch als Träger für Panzerabwehrraketen dienen. Die Panzergrenadiere sollten außerdem unter Panzerschutz aus dem Fahrzeug heraus (»aufgesessen«) kämpfen können. Da zu dieser Zeit bei den westlichen Armeen nur Fahrzeuge wie der M59 verfügbar waren, die zum Kampf verlassen werden mussten, entschied man sich zur Neuentwicklung von zwei Modellen, einem kurzen und einem langen Schützenpanzer, die den Vorstellungen der Bundeswehr entsprachen.

Die Entwicklung des hier gezeigten kurzen Schützenpanzer erfolgte auf der Basis des französischen Hotchkiss TT 6. Um diesen an die Bedürfnisse der Bundeswehr anzupassen wurden der Antrieb verstärkt und das Fahrwerk um ein Laufrad verlängert. Zwischen 1958 bis 1962 wurden ca. 2000 Exemplare an die Bundeswehr ausgeliefert.

Der Schützenpanzer kurz »Hotchkiss« erwies sich als gelungene Konstruktion. Seine hohe Geschwindigkeit, Wendigkeit und der große Aktionsradius befähigten ihn zu vielerlei Aufgaben. Er wurde u. a. auch als Aufklärungs-, Beobachtungs-, Funk-, Radar- und Sanitätspanzer verwendet und blieb bis in die 1980er Jahre im Einsatz.

Technische Daten Schützenpanzer kurz »Hotchkiss«
Besatzung: 4-5 Mann; Bewaffnung: eine 2-cm-Kanone L/85; Panzerung: 8-30 mm; Abmessungen: Länge 4,51 m, Breite 2,34 m, Höhe 2,02 m; Gewicht: ca. 8400 kg; Antrieb: 6-Zylinder-Hotchkiss-Benzinmotor mit 164 PS bei 3900 U/min; Höchstgeschwindigkeit: 58 / 42 km/h; Fahrbereich: 330 / 260 km

Schützenpanzer lang HS 30

Während beim »Hotchkiss«-Schützenpanzer auf eine bewährte Grundkonstruktion zurückgegriffen wurde, stellte der HS 30 eine komplette Neuentwicklung dar. Der Auftrag für die Entwicklung und den Bau des Schützenpanzers ging 1956 an die Schweizer Firma Hispano-Suiza, die bis dahin über keinerlei Erfahrung im Panzerbau verfügte. In der Folgezeit kam es zu erheblichen Verzögerungen beim vereinbarten Zeitplan, der eine Einführung bei der Truppe ab 1958 vorsah. Die Produktion erfolgte daher schließlich bei British Leyland, Rheinstahl-Hanomag und Henschel. Insgesamt wurden 2176 Exemplare gebaut, vorgesehen waren ursprünglich 10680 Stück.

Das Fahrzeug hatte eine gute Formgebung und auch die Bewaffnung erfüllte die Erwartungen. Mit dem HS 30 war die Panzergrenadiertruppe in der Lage, ihre Aufgaben im Zusammenwirken mit dem Kampfpanzer M48 zu erfüllen. Basierend auf dem HS 30 Fahrgestell wurde auch ein Kanonenjagdpanzer gebaut, der dem »Hetzer« des Zweiten Weltkriegs sehr ähnlich war. Die kurze Entwicklungszeit und die Unerfahrenheit der Konstrukteure erwiesen sich aber als nachteilig für die Produktqualität. Mängel an Antrieb, Bremsen, Fahrwerk, Kühlung und Getriebe, die sich während der gesamten Einsatzzeit des HS 30 nie ganz beheben ließen, führten immer wieder zu hohen Ausfallraten. In den 1980er Jahren wurde der HS 30 durch den Schützenpanzer »Marder« ersetzt.

Technische Daten Schützenpanzer lang HS 30
Besatzung: 7-8 Mann; Bewaffnung: eine 2-cm-Kanone L/85 und ein MG; Panzerung 10-30 mm; Abmessungen: Länge mit Rohr 6,53 m, Breite 2,55 m, Höhe 1,85 m; Gewicht: ca. 14600 kg; Antrieb: 6-Zylinder-Rolls-Royce-Benzinmotor mit 220 PS bei 4000 U/min; Höchstgeschwindigkeit (Straße): 55 km/h; Fahrbereich: 270 km (Straße)

Schützenpanzer »Marder«

Die Einführung des »Schützenpanzer neu«, der später die Bezeichnung »Marder« erhielt, verlief wesentlich unspektakulärer als die seines Vorgängers HS 30. Die Entwicklungsarbeiten begannen bereits unmittelbar nach dem Produktionsbeginn des HS 30 und erstreckten sich über mehr als zehn Jahre. Dabei ging es nicht nur darum, einen Nachfolger für das Sorgenkind HS 30 zu finden. Das neue Fahrzeug sollte vielmehr als Grundlage für eine ganze Familie neuer leichter Panzer dienen. Als Schützenpanzer waren die Einsatzbereiche u. a. die Infanterieunterstützung, Aufklärung, Versorgung und Flugabwehr. Eine mit Raketen oder einer 9-cm-Kanone bestückte Jagdpanzerversion war für die Panzerabwehr vorgesehen. Nicht alle geplanten Varianten wurden später auch verwirklicht.

Den Anfang machten ab 1966 die für die Panzerabwehr gedachten Kanonen- und Raketenjagdpanzer, die später zum Raketenjagdpanzer »Jaguar« umgerüstet wurden. 1970 folgten die Schützenpanzerversionen und 1979 schließlich der mit Flugabwehrraketen bestückte Fla-Panzer »Roland«.

Wie viele andere Panzerfahrzeuge, die in den 1970er Jahren entwickelt wurden, war auch der »Marder« in allen Varianten nach der Jahrtausendwende noch im Einsatz. Er wurde ständig modernisiert und an die aktuellen technischen, militärischen und politischen Entwicklungen angepasst. 2002 erhielten z. B. 74 »Marder« einen besseren Minenschutz, da sich dieser bei den friedenssichernden Auslandseinsätzen der Bundeswehr als unzureichend erwiesen hatte.

Wann der »Marder« abgelöst wird, ist unklar. Ab 2013 soll er schrittweise durch den Nachfolger »Puma« ersetzt werden, von dem 2012 die ersten einsatzbereiten Exemplare an die Bundeswehr geliefert wurden. Aufgrund der zahlreichen »Marder«-Varianten ist eine sinnvolle Auflistung der technischen Daten nicht möglich, da diese von Modell zu Modell mit Ausnahme des Fahrwerks stark variieren.

Russischer Kampfpanzer T-54

Schon während des Zweiten Weltkriegs war der T-34 durch den Einbau einer stärkeren Panzerung sowie zahlreicher weiterer Verbesserungen zum Zwischenmodell T-44 weiterentwickelt worden. Nach Kriegsende konstruierte man einen komplett neuen Turm, der zum Einbau der im Jagdpanzer SU-100 verwendeten 10-cm-Kanone geeignet war, und passte die Wanne und den Antrieb entsprechend an. So entstand schließlich 1947 der Prototyp des T-54, der ab 1950 bei allen Armeen des Warschauer Paktes zum Einsatz kam, und in zahlreiche weitere Länder exportiert wurde.

Der T-54, dessen Formgebung besonders im Bereich der Wanne noch stark an den T-34 erinnert, war bei seiner Einführung auf der Höhe der Zeit und aufgrund ständiger Verbesserungen auch viele Jahre später noch immer nicht überholt. Ab 1958 erschien die T-55 Serie, die alle Modifikationen der ersten 10 Produktionsjahre beinhaltete, die Grundkonzeption des T-54 aber im Wesentlichen übernahm. In dieser Form lief die Produktion bis 1981 weiter. Die genauen Stückzahlen sind nicht bekannt, doch wurden von der T-54/55 Produktfamilie wahrscheinlich über 60 000 Exemplare gebaut. Kein anderer Panzer hat jemals eine derart weite Verbreitung gefunden. Die arabischen Panzertruppen setzten bei den Nahostkriegen 1967 und 1973 überwiegend T-54/55 ein, und noch 1990 verfügte die irakische Armee im Golfkrieg über 700 Exemplare dieses Typs. Nach der Jahrtausendwende waren noch immer Tausende T 54/55 bei über 50 Staaten in Gebrauch.

Technische Daten russischer Kampfpanzer T-54

Besatzung: 4 Mann; Bewaffnung: eine 10-cm-Kanone und drei MG; Panzerung: max. 170 mm; Abmessungen: Länge mit Kanone 9 m, Breite 3,27 m, Höhe 2,40 m; Gewicht: ca. 36 000 kg; Antrieb: luftgekühlter 12-Zylinder-Dieselmotor mit 520 PS bei 2000 U/min.; Höchstgeschwindigkeit: ca. 48 km/h (Straße); Fahrbereich (Straße): ca. 400 km

Russischer Kampfpanzer T-72

Mit der Einführung des T-54/55-Nachfolgers T-62 im Jahr 1961 endete die Serie russischer Panzer, die als Weiterentwicklungen des legendären T-34 angesehen werden können. Da die Grundkonzeption des T-34 keinen Raum für fundamentale Verbesserungen mehr ließ, begann man zu diesem Zeitpunkt mit der Konstruktion eines komplett neuen Kampfpanzers. Das erste Ergebnis war der ab 1966 gebaute T-64. 1971 folgte der T-72, der sich äußerlich vom T-64 kaum unterscheidet.

Wie das Bild zeigt, wurden sowohl der Turm als auch das Fahrwerk im Vergleich zu den Vorgängermodellen komplett neu gestaltet. Als Hauptwaffe dient eine voll stabilisierte 12,5-cm-Glattrohrkanone mit automatischer Ladevorrichtung, die unterschiedliche panzerbrechende Granaten sowie Sprenggranaten verschießen kann. Die Besatzung wurde auf drei Mann verringert, da ein Ladeschütze nicht mehr benötigt wird. Der T-72 verfügt über die modernsten Zieleinrichtungen mit Lasersteuerung und Ballistik-Rechner. Je nach Einsatzzweck kann er mit einer Vielzahl von Zusatzausrüstungen versehen werden.

Wie der »Leopard« ist auch der T-72 bis heute aktuell geblieben. In der Tat haben sich nach der zweiten Hälfte der 1970er Jahre bei der Panzertechnik keine fundamentalen Neuerungen mehr ergeben. Zwar wurden einzelne Komponenten, wie z. B. die Elektronik, kontinuierlich verbessert, die Grundkonzeption ist aber gleich geblieben. Auch der Standard-Kampfpanzer der US Armee, der M1 »Abrams« wurde in den 1970er Jahren entwickelt und zuletzt 1986 wesentlich überarbeitet.

Von den ca. 50000 gebauten T-72 wurden viele exportiert. Wichtige Abnehmerländer waren u. a. Bulgarien, Tschechien, Finnland, Ungarn, Indien, Polen und viele mehr. Rüstungsfirmen in Israel, Spanien und Frankreich bieten Nachrüstoptionen zur Modernisierung des T-72 an, und in Polen wurden die T-72 mit »Leopard«-Technologie an den NATO-Standard angepasst.

Technische Daten russischer Kampfpanzer T-72
Besatzung: 3 Mann; Bewaffnung: eine 12,5-cm-Kanone und zwei MG; Panzerung: nicht dokumentiert; Abmessungen: Länge mit Kanone 9,53 m, Breite 3,59 m, Höhe 2,23 m; Gewicht: ca. 44500 kg; Antrieb: wassergekühlter Dieselmotor mit 1000 PS Leistung; Höchstgeschwindigkeit: ca. 60 / 30 km/h; Fahrbereich: ca. 500 km (Straße)

Demilitarisierung

Die Technik Museen in Sinsheim und Speyer bemühen sich mit einem großen personellen und finanziellen Aufwand, historisch wichtige Militärfahrzeuge und andere Ausrüstungsgegenstände der Nachwelt zu erhalten. Wir waren und sind der Ansicht, dass die Militärtechnik einen wichtigen Teil der Technikgeschichte darstellt, und daher einen Platz in einem Museum haben muss, das alle Gebiete der Technik zeigen will. Hierbei stellt jedoch die rechtliche Situation in Deutschland, die private Museen unverhältnismäßig benachteiligt, ein großes Problem dar. Nach dem deutschen Kriegswaffenkontrollgesetz sind selbst offensichtlich unbrauchbare militärische Relikte der Vergangenheit, die für Niemanden mehr eine Bedrohung darstellen, solange eine Kriegswaffe, bis sie exakt nach den Buchstaben des Gesetzes demilitarisiert wurden. Der verbogene Lauf eines Maschinengewehrs, der jahrzehntelang im Boden vor sich hingerostet hat, ein Panzerturm ohne Kanone, ein Bergepanzer ohne jede Bewaffnung, der leere Rumpf eines Militärjets, bei dem die Triebwerke und die gesamte Elektronik fehlen - all dies sind nach dem deutschen Gesetz Kriegswaffen. Es kommt nicht darauf an, ob ein altes Kriegsgerät funktionsfähig ist oder nicht. Entscheidend ist nur, dass die Buchstaben des Gesetzes erfüllt werden. So muss z. B. auch der oben zitierte verbogene MG-Lauf aus dem Zweiten Weltkrieg, bevor er in einem privaten Museum ausgestellt werden darf, gemäß der »Richtlinie über Kriterien für die Unbrauchbarmachung der Kriegswaffen der Nummern 29 a - c der Kriegswaffenliste (KWL) sowie der Rohre und Verschlüsse für diese Kriegswaffen (Nummern 34 und 35 KWL)« wie folgt demilitarisiert werden:

»Das Rohr muss in dem dem Patronenlager zugekehrten Drittel seiner Länge mindestens 6 kalibergroße Bohrungen oder gleichwertige Laufveränderungen aufweisen und vor diesen in Richtung der Rohrmündung mit einem kalibergroßen gehärteten Stahlstift dauerhaft verschlossen sein oder auf seiner ganzen Länge, beginnend unmittelbar vor dem Patronenlager bis zur Rohrmündung, einen Längsschlitz von mindestens 4 mm Breite aufweisen.«

Staatliche Museen und die Ausstellungen der Bundeswehr sind von diesen Vorschriften befreit. Private Museen begehen dagegen eine Straftat, wenn sie nicht exakt die Maßnahmen durchführen, die vom Gesetz vorgeschrieben werden.

Besonders gravierend sind die Regelungen für Panzerfahrzeuge. Hier ist zwingend vorgeschrieben, dass die Panzerung so geschwächt werden muss, dass ein Fahren unter Panzerschutz nicht mehr möglich ist. Dies gilt nicht nur für Kampfpanzer, sondern für alle gepanzerten Fahrzeuge, wie z. B. Bergepanzer, und sogar für Panzerteile wie ein Fahrgestell ohne Turm oder den Turm alleine. Nach dem Gesetz müssen aus der Turmpanzerung aus jeder Seite zwei 50 x 50 cm große Stücke herausgetrennt werden, und bei Panzerwannen aus der oberen und unteren Bugpanzerung je ein Stück von 50 x 60 cm Größe und aus den Seitenwänden je Seite vier Stücke von 30 x 40 cm Größe. Daneben gibt es noch Vorschriften für die Unbrauchbarmachung der Bewaffnung und für die Zerstörung des Antriebs. Die Vorschriften für die Demilitarisierung von Kampfhubschraubern und -flugzeugen sehen u. a. die Schwächung der Hauptrotorwelle bzw. der Flugzeugzelle durch eine teilweise Durchtrennung der tragenden Bauteile vor. Niemand kann etwas dagegen haben, wenn der Besitz von Kriegswaffen strengen gesetzlichen Regelungen unterliegt. Nach der derzeitigen Gesetzeslage muss jedoch selbst ein Panzer aus dem Zweiten Weltkrieg, der von keinem militärischen Wert mehr ist, praktisch zerstört werden, bevor er in einem privaten Technikmuseum in Deutschland ausgestellt werden darf. In anderen Ländern wie z. B. England dürfen dagegen sogar Privatpersonen mit Panzern auf öffentlichen Straßen fahren, solange die Bewaffnung nicht funktionsfähig ist.

Aber Gesetze müssen befolgt werden, auch wenn deren Sinn manchmal schwer einsehbar ist. Alle in den Technik Museen Sinsheim und Speyer ausgestellten Waffen, Militärflugzeuge und Kampffahrzeuge wurden entsprechend der gesetzlichen Vorgaben demilitarisiert. Dabei mussten auch historisch wertvolle Panzerfahrzeuge mit Schneidbrennern bearbeitet werden, um die Panzerung wie vom Gesetz vorgeschrieben zu schwächen. Im Freigelände sind die ausgeschnittenen Stücke der Panzerung meist bei den Fahrzeugen ausgestellt. Bei den moderneren Panzern war dies aufgrund der extrem starken Panzerplatten nur unter Verwendung modernster Schneidbrenner möglich. Einige Beispiele für die durchgeführten Demilitarisierungsmaßnahmen zeigen die Abbildungen auf der gegenüberliegenden Seite.

Links oben: Leopard I mit den herausgetrennten Teilen der Panzerung auf dem Freigelände. Rechts oben: Die Panzerung des T-72 konnte nur mit einer Sauerstofflanze aufgetrennt werden. Links und rechts unten: Auch bei diesen schrottreifen Panzern mussten Löcher in die Panzerwanne und den Turm geschweißt werden.

Armoured Vehicles - English Summaries

Introduction

The exhibition of military history in the Technik Museum Sinsheim comprises more than 40 armoured vehicles built between the 1930s and 1970s. The exhibits from World War II allow a technical comparison of the most important German, Russian, and American tanks which were opposing each other between 1939 and 1945. The more recent tanks demonstrate the development of tank technology during the Cold War.

Tanks were first brought onto the field in larger numbers at the end of World War I. Beginning in 1917, the massive deployment of tanks, which came as a complete surprise to the German troops, was one reason for the growing superiority of the allied armies. After the war Germany was prohibited to produce or deploy armoured vehicles under the terms of the Versailles Treaty with the exception of a few police cars. As early as 1925, however, several German companies began to construct armoured vehicles under great secrecy. To circumvent the Allied Control Commission, testing of the vehicles and training of the crews was carried out at a secret testing station at Kazan in Russia which was set up under the secret terms of the Russian-German Rapallo Agreements. In 1934, serial production of the Panzer I started, a lightly armoured vehicle which was only armed with two machine guns. In 1935, the Panzer II followed which was also only lightly armoured but now was equipped with a machine gun and a 20 mm cannon. Production of the medium-sized tanks Panzer III and Panzer IV started in 1936, but only relatively few were completed until the outbreak of World War II. A major reinforcement of the German tank forces occurred in 1939 when the German troops occupied Czechoslovakia. More than 400 Czech tanks were captured and taken over by the German army.

By the time World War II started the German tank forces were still in their infancy. In particular, only very few Panzer III and Panzer IV were available. The spectacular achievements of the German troops during the first two years of the war were only possible because the equipment of their opponents was of no better quality and the German troops were better trained and had superior tactics. One major advantage was that all German tanks were equipped with radio and therefore could attack in a co-ordinated fashion. The combined attack of tanks and combat aircraft, in particular the »Stukas«, also proved to be very efficient.

Convinced of their own superiority the German General Staff decided that reinforcement of the tank forces was not necessary. Until 1941, when the Russian campaign started, their equipment remained more or less unchanged. Of the 3,100 tanks sent against Russia only 1,400 were Panzer III or Panzer IV. No one imagined that the Russian army could have any modern tank. Consequently, the German infantry was mainly equipped with small 37 mm and 50 mm anti-tank guns only. It was a great shock for the German troops when the first Russian T-34 tanks appeared on the battlefield which could only be fought effectively with anti-tank guns with a calibre of 75 mm or more.

Mainly as a response to the T-34 the German command commissioned the construction of larger tanks with stronger weapons. In a great hurry the Panzer V »Panther« and the Panzer VI »Tiger« were developed. Both models were first deployed in summer of 1943 during the battle of Kursk. Much has been written about the superiority of the »Panther« and the »Tiger« with respect to the Russian T-34. There is no doubt that both models were superior to the T-34 and also to most of the American and British tanks of World War II. However, because they had to be developed under considerable time pressure, they were plagued by many technical problems. Although most of these problems could be fixed, fundamental shortcomings like the extreme weight of the »Tiger«, the complex technology, the low production numbers, and in particular the shortage of spare parts and the extreme fuel consumption limited their military value.

The T-34 was not only too strong for most of the German tanks but also for the anti-tank units which had been sent into Russia with insufficient equipment. It appears ironic that besides the German 88 mm anti-aircraft gun, captured Russian 76.2 mm guns were the most suitable weapons for fighting the T-34. However, a major disadvantage of these rather heavy guns was their limited mobility which made it almost impossible to change position during a fight. As an ad hoc solution Russian 76.2 mm and German 75 mm anti-tank guns were mounted on the chassis of the light Czech and German tanks which were no longer useful for anti-tank combat. As of 1944 special tank destroyers like the »Hetzer« and the »Jagdpanther« were built. These armoured vehicles had no turret but were rather equipped with a high-velocity anti-tank gun that was built into the hull.

Although the tank destroyers were quite successful they proved to be not sufficient due to their limited numbers. Because of the limited industrial resources all German efforts were doomed to fail at the latest after the United States had entered the war. Between 1939 and 1945 the German industry built about 23,500 tanks and 43,000 track-laying self-propelled guns. The Western Allied countries and Russia on the other hand were able to build 212,000 tanks and even more self-propelled guns. To fight this flood of armoured vehicles, highly mobile anti-tank weapons were developed which could be produced in large numbers. In summer of 1943 the legendary »Panzerfaust«, a small rocket-propelled shaped charge, was first deployed. Since this weapon required a minimum of training, children and old men armed with the »Panzerfaust« were sent to the front on foot or bicycles during the last months of the war. An act of despair that gained nothing and cost thousands of lives.

The decades after the end of World War II were characterised by an enormous arms race during which the member states of the NATO and the Warsaw Pact built up gigantic arsenals of weapons of mass destruction. In Germany, rearmament began in 1955 with the foundation of the Bundeswehr. With respect to tanks their first equipment was mainly of American origin like the M 41 »Walker Bulldog« or the M 47 »Patton«. These were later replaced by the »Leopard« tanks. At the summit of the Cold War more than 25,000 tanks confronted each other on both sides of the Iron Curtain. After the decline of the Soviet Union this number was drastically reduced. Most of the German »Leopard« tanks were discharged or sold to friendly nations. At the beginning of 2005 there were 850 »Leopard« tanks in active units. It is planned to reduce this number further to only 350 specimen.

Light Czech Combat Tank with Winter Camouflage

During the inter-war period a very active armaments industry was developed in Czechoslovakia which exported their products throughout the world. One of the most successful constructions was the light combat tank TNHP which was equipped with a 37 mm cannon and a machine gun. After the occupation of Czechoslovakia in 1939, Germany not only took over the Czech armaments industry but also captured the arsenal of more than 400 tanks of the Czech army. These were added to the German forces and production of the TNHP, which was now called PzKpfw 38(t), was continued under German control. The light Czech tank shown in the Museum is a modified type LTH which originally had been built for the Swiss army. In the first war years the robust and very reliable light Czech tanks were virtually indispensable for the German army. However, one major shortcoming was that they had bolted armour plates like the World War I tanks which could only resist the fire of light arms. After the Russian campaign started in summer of 1941 it soon became obvious that the T-34 was much superior to the 38(t) and the other light German tanks. Although now obsolete for anti-tank combat, they still proved to be very useful for infantry support and reconnaissance purposes. The excellent chassis of the 38(t) also remained of major importance and was used in many ways as weapon carrier, for instance for the tank hunter »Marder III«. In 1944 production of the 38(t) chassis was finally discontinued. An improved model provided the basis for the tank destroyer »Hetzer«.

German Tank Hunter »Marder III« (75 mm Anti-tank Gun Mounted on an 38(t) - Chassis)

Already during the French campaign it became obvious that the German army had only few means for fighting heavy tanks. The only effective weapon was the 88 mm anti-aircraft gun. This gun, however, was scarce, very heavy, unprotected, and quite immobile. When the Russian campaign started, the majority of the anti-tank units was still equipped with the small 37 mm gun which had already proved to be of little value for fighting heavily armoured vehicles during the Spanish Civil War. With the first appearance of the T-34 it could no longer be ignored that the German command had seriously underestimated the strength of the Russian tank forces. Under great time pressure special tank hunters were developed. A typical example is the »Marder III« on exhibit in the Museum. In principle this lightly armoured vehicle with an open-topped fighting compartment is nothing more than a German 75 mm anti-tank gun mounted on a 38(t) chassis. One of the greatest advantages of a tank hunter is its mobility. Once installed, an anti-tank gun cannot change its position during a fight. A tank hunter, on the other hand, can continuously change position while fighting even in difficult terrain. It is typical that for the first tank hunters like the »Marder II«, captured Russian 76.2 mm guns had to be used since comparable German guns were not available. But instead of copying this excellent gun the German command opted to develop its own version with a different calibre, a decision which brought no military advantage but led to serious difficulties of ammunition supply in the field.

German Tank Destroyer 38(t) »Hetzer«

Despite of their simple design the »Marder« tank hunters proved to be highly efficient anti-tank weapons. Therefore, it is surprising that only relatively late during the war specialised armoured vehicles were constructed which were designed for fighting tanks from the outset. To distinguish them from their rather improvised predecessors they are referred to as tank destroyers. The most important model was the »Hetzer« which, like the 38(t), was developed by Praga in Prague. About 2,800 units were built between June 1944 and spring 1945. The vehicle was based on a modified 38(t) chassis that was equipped with an up-rated engine and wider tracks to compensate for the much greater weight of the »Hetzer« as compared to the 38(t). The armour, which now consisted of welded steel plates, was substantially reinforced and a high-velocity 75 mm anti-tank gun integrated into the hull. The front and side walls were sloped to deflect incoming shells and the gun base was protected by a heavy sloped mantlet. One drawback was the small traverse angle of the gun (11° right, 5° left) which often required repositioning of the vehicle. The robust and reliable technique of the 38(t) combined with the reinforced sloped armour, the high-velocity gun, and the low vehicle silhouette resulted in an excellent tank destroyer which probably was the best of its kind during World War II. In fact, its design was so well done that production was resumed after the end of the war. Most of these specimen were used for rearming the new Czech army but some were also exported e.g., to Switzerland where they remained in active service until the 1970s.

German Tank III Type »N«

The first four German World War II tanks (referred to in German as Panzerkampfwagen, PzKpfw, or Panzer) had no special names but were merely numbered. The Panzer I and Panzer II have been described in the introduction. The first tank with an armour piercing high-velocity gun that could be used for anti-tank combat was the medium tank Panzer III which was developed by Daimler-Benz as of 1935. When the war began only 100 specimen (versions A - D) had been built mainly for testing purposes. Serial production did not begin until the end of 1939. The first Panzer III were equipped with a 37 mm gun only and their performance, therefore, was comparable to the 38(t) although they had a much better armour. The French campaign showed already that this weak armament was insufficient. Since the engineers, fortunately, had constructed the turret strong and large enough, production could easily be switched to a 50 mm gun. But with the appearance of the T-34 this armament was also obsolete. In the last version »N« the Panzer III finally was equipped with a 75 mm gun. However, a short-barrel version had to be used since the turret was not strong enough to accommodate a high-velocity long-barrel gun. Since the short 75 mm gun had a very limited armour penetrating power this tank was more suited for infantry support than for anti-tank combat. In 1943, production of the Panzer III was discontinued after 6,000 specimen had been built. However, production of Panzer III based assault guns continued until the end of the war.

German Assault Gun 40 Type »G«

Assault guns are armoured track-laying vehicles which are intended to assist the advance of the infantry. Their purpose is to pave the way for the infantrymen by destroying obstacles and eliminating fortified positions (e.g., machine gun nests). Like tank destroyers, assault guns have no turret since the gun is built directly into the hull. Most of the German assault guns were based on the trusted chassis of the Panzer III. The first models were equipped with a short 75 mm gun since this type was most suited for the intended use as a well protected and highly mobile self-propelled artillery vehicle. Since the fighting of tanks soon had the highest priority, however, later versions - like the assault gun 40 shown in the Museum - were equipped with a long high-velocity 75 mm gun. Vehicles like the assault gun 40 blur the line between assault guns and tank destroyers. In fact, the assault gun 40 was almost as well suited for fighting tanks as the specialised tank destroyer »Hetzer«. For the infantry this was a troublesome situation since it reduced the number of armoured vehicles available for infantry support. In part this gap was filled by vehicles like the assault howitzer 42, also on exhibit in the Museum, which was equipped with a short 105 mm gun.

German Tank IV

Like the Panzer III, the Panzer IV was also built in numerous versions and was the basis for many other armoured vehicles like assault guns, tank destroyers, and self-propelled guns. Together with the Panzer III, and later the »Panther« and the »Tiger«, it formed the backbone of the German tank forces. It was the only German tank which was built during the whole war. Between 1936 and 1945 more than 14,000 vehicles based on the Panzer IV were built. It definitely was the workhorse of the German tank forces. As a whole, the Panzer IV was reliable and well designed. One major drawback, however, was the sharp-edged chassis with mostly vertical armour plates and many shot traps. A sloped armour is much more effective since it deflects incoming shells. The Panzer IV was developed parallel to the Panzer III. While the Panzer III was intended for fighting tanks, the Panzer IV was conceived as a support tank for the infantry. Consequently, the first versions were equipped with the short 75 mm gun. As has been described above, the Panzer III became obsolete as an anti-tank weapon when the T-34 appeared in masses on the Russian battlefields. Fortunately, the basic design of the Panzer IV was strong enough for the high-velocity 75 mm gun whose anti-tank projectiles were capable of penetrating up to 91 mm of armour at a 90 degree angle of impact at 500 meters. Until the summer of 1943, when the first »Panther« and »Tiger« tanks arrived, the Panzer IV, the »Marder« tank hunters, and the assault guns were the only German armoured vehicles that could fight the Russian T-34. The Panzer IV shown in the Museum was deployed in Africa where it was disabled by a hit in the chassis. It was transported to the United States for testing purposes. Besides other features the effect of anti-tank rifles was tested. The bullet holes in the front plate are still visible.

German Self-propelled Gun »Hummel«

The German »Hummel« (bumblebee) is a typical heavy self-propelled artillery tank. It is based on the chassis of the Panzer IV that was combined with the drive and the power transmission of the Panzer III. Onto this a 150 mm howitzer was mounted. The engine was positioned in the middle of the vehicle to make room for the gun-crew. The driver was seated in a cabin beneath the gun tube. The maximum range of the howitzer was about 13,000 meters. About 666 units were produced. The »Hummel« was the last German self-propelled gun with an open-topped fighting compartment. Former artillerists describe it as a well-designed construction. It was first deployed in 1943 in the battle of Kursk. One drawback was that it could only carry 18 shells and therefore had to be permanently supplied with ammunition. The »Hummel« shown in the Museum was engaged in the last major German offensive in the Ardennes where it was abandoned due to lack of ammunition and fuel and later captured completely intact by the US troops.

German Tank V »Panther«

At the end of 1941 MAN and Daimler-Benz were commissioned to develop a completely new heavy tank with a projected combat weight of 35 tons which was intended as the answer to the T-34. Already in May, that is before the Russian campaign started, Henschel and Porsche had received a similar order but for a much larger tank. The experience of the first war months in Russia had shown that such a super heavy tank would be of limited use for the Eastern Front. Eventually Henschel received the order to build the smaller version called Panzerkampfwagen V »Panther« whereas the prototype submitted by Henschel was developed into the Panzerkampfwagen VI »Tiger I«. When the »Panther« first reached the battlefield in summer of 1943 to fight in the battle of Kursk, numerous design changes had inflated its weight to an enormous 45 tons. That was twice the weight of the Panzer IV. The »Tiger I«, which was also first deployed in this battle, was weighing 57 tons. The »Panther« had a very modern design with few shot traps that distinguished itself from all former German tanks and also the »Tiger I«. The armour plates at the front and the sides of the turret and the hull were sloped to deflect incoming shells. To reduce ground pressure the chassis was equipped with very wide tracks which required no return rollers. These were design characteristics which had been successfully adopted from the T-34. Due to its very long tube, the armour piercing capability of the 75 mm gun of the »Panther« was even superior to the 88 mm gun of the »Tiger«. From a technological standpoint the »Panther« is considered the best tank of World War II. It was superior to the T-34 and to all other Russian, British, and American tanks with the exception, maybe, of the very last »Josef Stalin« and »Pershing« models which, however, were deployed only during the last months of the war. However, because it had to be developed in such a hurry, the first specimen were plagued by numerous mechanical problems. Most of these could be fixed but even then the overworked German industry was not able to produce this superb tank in numbers large enough to fight the masses of tanks thrown into the battle by the allied armies.

German Tank Destroyer »Jagdpanther«

The »Panther« provided the basis for two other specialised tanks, a recovery tank and a tank destroyer. The recovery tank called »Bergepanther« had become necessary since the available towing vehicles were not powerful enough to salvage disabled »Panther« and »Tiger« tanks. The tank destroyer, which was called »Jagdpanther«, was intended to fight tanks. As was the case with the other tank destroyers, an existing tank chassis was equipped with a simple turretless hull containing an integrated high-velocity gun. The chassis and the lower part of the hull were taken from the »Panther«. As armament the 88 mm L/71 gun was selected which had proven itself as an outstanding anti-tank weapon. The first version of the »Jagdpanther« was presented to the army command on 20 October 1943 and was immediately accepted. The first specimen reached the tank forces in February 1944. Although it was planned to produce 150 units per month a mere 382 pieces could be completed until the war ended due to the permanent bombardment of the German armaments industry and many other logistic problems. The »Jagdpanther« could carry sixty 88 mm anti-tank shells. It definitely was one of the best tank destroyers of World War II. It was highly mobile, well armoured, and with its powerful 88 mm gun could fight even heavy tanks from a large distance. Two drawbacks were the small traverse angle of the gun and the complex chassis which could be easily disabled. However, what limited its military value most was that it could not be produced in sufficient numbers.

Russian Tank T-34

The Russian T-34 tank is generally considered the most valuable tank of World War II. This is not to say that the German »Tiger« and »Panther« tanks or the Russian »Josef Stalin« tanks, which were deployed from 1944 on, were inferior to the T-34. The opposite is true. However, if the total military value is considered no other tank came up to the T-34. Due to its simple design the T-34 could be produced in masses with relatively few industrial resources and could be operated even by poorly trained crews. The hull was made of welded steel plates whereas the turret, with the exception of the very first models, was cast in one piece. The sloped armour plates with few shot traps and the low silhouette made the T-34 very insensitive to hostile fire. For the German anti-tank units this was particularly frustrating since their small 37 mm and 50 mm guns were almost completely ineffective. The same was true for the German light and medium tanks. Until the advent of the first tank hunters the 88 mm anti-aircraft gun was the only effective weapon for fighting the T-34. The economical 500 hp diesel engine had together with the weight of 30 tons an excellent power to weight ratio. Together with the wide tracks, which reduced ground pressure, and the robust chassis it gave the T-34 an excellent mobility even in difficult terrain. The diesel drive also ensured a great radius of action, which could even be extended by the addition of extra tanks, and also reduced the fire hazard. Its armament, first with a 76.2 mm gun and later with an 85 mm gun, was sufficient to take on the German tanks.

US Tank M3A3 »Stuart«

The M 3 »Stuart« in the open-air grounds is an interesting vehicle since it allows a comparison between the German tanks and the tanks of the Western Allied forces at the beginning of World War II. At that time only France had a significant number of modern tanks. The British army possessed only about 1,000 predominantly light tanks of limited military value and the United States had not even developed a tank that was ready to go into production. Impressed by the achievements of the German tank forces the American army started a gigantic program for the development of modern combat tanks. One of the first results was the light tank M 3 »Stuart« that was built in many versions starting in 1941. The first versions had a bolted armour and were equipped with a 37 mm gun only. Their fighting power thus was comparable to the German 38(t). In spite of this the M 3 was a welcome reinforcement for the British forces during the desert battles between 1941 and 1942. However, in 1941 the M 3 was just another proof for the German command that their tank force did not need improvement. The M 3 was deployed in all theatres of World War II until the war ended. It was predominantly used by the British and American forces but some were also given to Russia under the lend-lease-agreement. Due to its low weight and since the Japanese troops were poorly equipped with anti-tank weapons it also proved to be quite useful during many amphibious operations in the Pacific theatre.

US Tank M4 »Sherman«

The »Sherman« was by far the most important tank for the Western Allied forces during World War II. Its history is a good example of the philosophy and the power of the American armaments industry during the war. Its development did not begin until 1941. At that time the American industry had almost no experience in tank manufacturing. The prototypes, therefore, had to be designed in a way that the final vehicles could later be produced in masses in civilian factories. They also had to be easily operated since the US army mainly consisted of draftees with a limited military training. Of several models submitted for evaluation the »Sherman« fulfilled the requirements of the US army for a modern medium tank and was selected for mass production. No further medium tank was constructed until the war ended and all improvements were designed in a manner that production was never interrupted. Only this way it was possible for the American industry to produce not less than 103,000 tanks and other track-laying vehicles, many of them based on the M4, in only 5 years. The »Sherman« definitely was far from perfect especially if compared to the »Tiger«, »Panther«, or T-34. But it must be remembered that according to the American tank doctrine of World War II enemy tanks should not be fought by tanks but rather by artillery, anti-tank units, and combat aircraft. The »Sherman« was primarily intended as a support weapon for the infantry and for this purpose it was well suited. More than 40,000 units were built until 1946.

US Self-propelled Gun M7B2 »Priest« and »Sherman« Recovery Tank

The »Sherman« provided the basis for many specialised tanks and weapon carriers. Even decades after the end of World War II many of them were still in service. Five specimen can be viewed in the open-air grounds of the Museum Sinsheim: a 105 mm self-propelled howitzer M 7 B 2 »Priest« (picture top left), a M 32 recovery tank (picture bottom right), two M 74 recovery tanks and a 105 mm self-propelled howitzer M 40 »Long Tom«. They differ significantly with respect to the chassis. The »Priest« is equipped with the conventional »Sherman« chassis with three pairs of wheels at each side which are sprung by vertical coil springs (Vertical Volute Spring Suspension = VVSS chassis). The four other vehicles are equipped with an improved chassis with horizontal coil springs (Horizontal Volute Spring Suspension = HVSS chassis) which allowed wider tracks to be used, increased wheel travel, and eased maintenance on the suspension units. This version was introduced at the end of World War II only. The »Priest« was deployed in all theatres of World War II. It received its nickname from the machine gun turret beside the howitzer which is evoking a preacher's pulpit in a church. The M 32 recovery tank was designed with the intention to equip the US tank forces with a powerful armoured vehicle for salvaging disabled vehicles from the battlefield. Vehicles without armour caused too many losses under battle conditions and often were not strong enough to tow away tanks or other heavy vehicles. The design of the M 32 was satisfactory from the outset and fulfilled all expectations.

US Tank M24 »Chaffee«

The experiences of the British army, which received and deployed most of the first US tanks, were of major importance for the advancement of the American tank program. For instance, during the desert battles of 1942 it became obvious that the main drawback of the light »Stewart« tank was not its armour but rather the insufficient 37 mm gun. Its successor, the M 24 »Chaffee«, therefore was equipped with a 75 mm gun. The armour, on the other hand, was even reduced to keep the weight below 20 tons and retain mobility. The »Chaffee« was very well suited for reconnaissance purposes. It was well protected from the fire of light arms and, due to its light weight and high mobility, could withdraw quickly if heavy tanks appeared. Serial production started in March of 1944, the first specimen were handed over to the allied tank forces at the end of 1944. About 4,500 units were built until the war ended. Its design proved completely satisfactory and in many countries it remained in service well into the 1960s.

US Tank M26 »Pershing«

In World War II the US army did not plan to use its tanks for anti-tank combat. In reality, however, more often than not a direct engagement with the German tanks could not be avoided. In spite of this, the American High Command was very reluctant to equip its forces with a heavy tank which was suitable to fight the superior German »Panther« and »Tiger«. Only when the losses of the »Sherman« became unbearable during the offensive of the Ardennes, serial production of the heavy tank M 26 »Pershing«, which had been ready for service since August of 1944, was ordered. The first specimen reached the German theatre in January of 1945. Due to its heavy armour and the high-velocity 90 mm gun it was a major advancement over the »Sherman«. Only few M 26 were deployed during World War II but in the Korean War it formed the backbone of the US tank forces. Like the »Sherman« the »Pershing« also became the ancestor of a whole family of armoured track-laying vehicles. When the »Chaffee« and the »Pershing« are compared to the »Stewart« and »Sherman«, the enormous progress of American tank technology during World War II becomes obvious. Nothing is left that reminds of the rather makeshift designs of the first years. It is not surprising, therefore, that both models were used for decades by many armed forces.

US Tank M41 »Walker Bulldog«

At the end of World War II the M 24 »Chaffee« was the light standard tank of the US army. However, it reached the battlefield relatively late and only few were engaged in the fights during the last months of the war. In spite of this, development of an improved version started immediately. Testing of the first prototype, which was equipped with a virtually unchanged M 24 chassis, began in 1949. Several modifications then led to the M 41 »Walker Bulldog«, which was produced in series by the Cadillac Car Division of the General Motors Corporation from 1950 on. The M 41 was first deployed together with the M 24 in the Korean War, predominantly for reconnaissance purposes, where it proved quite satisfactory due to its speed and its powerful 76.2 mm gun. Later it was used by all NATO countries except England and Luxembourg. In 1955 it was also supplied to the newly founded German Bundeswehr where it was not only used as a reconnaissance tank but also as a tank destroyer. As of 2006 it was still in active service in some countries, for instance in Thailand.

US Tanks M47 and M48 »Patton«

Under the impression of the increasing tensions between the Western and the Eastern countries which eventually led to the Cold War, the US army decided to also improve its equipment with heavy tanks. As an intermediate solution the M 46 was built, which was mainly a M 26 »Patton« with an up-rated engine. The M 46 then was further developed into the M 47 shown here. From 1952 on it gradually replaced the still frequently used »Sherman« tanks and also the M 26 and the M 46. As compared to the M 26 and the M 46 the 90 mm gun was only slightly modified while the design of the turret was completely new. With the M 47 the US army and its allies finally had a tank that at least matched the Russian T 54 and »Josef Stalin« tanks. The M 47 shown in the museum was deployed by the US army in Korea and later was given to Italy, where it was discharged in 1979. The M 48, which is also on display in the museum, was mainly an improved M 47. Major innovations were a redesigned turret, a better fire control system including improved optics and a ballistic computer as well as a night-vision device. Until the 1960s the M 47 and M 48 were the standard tanks of the US army and formed the backbone of its tank forces during the Vietnam War. They were supplied to most NATO countries including Germany and also to Israel. Outside of the US forces they remained in active service until well into the 1970s.

German Tank »Leopard I«

The »Leopard I« was the first combat tank designed in Germany after World War II. Only four years after the foundation of the Bundeswehr two industry consortiums consisting of Porsche-Atlas / MaK-Luther-Jung and Ruhrstahl-Henschel-Rheinstahl / Hanomag-Rheinmetall-Wegmann were commissioned to design a new tank from scratch which should replace the M 47 and M 48 tanks. This offered the opportunity to make use of the experience in tank design acquired in Germany during the war years. In 1961, the first prototypes were submitted for testing. One year later the Bundeswehr decided in favour of the model designed under the leadership of Porsche that was called »Leopard I«. Since attempts to produce the tank together with the US or France failed, the former locomotive manufacturer Krauss-Maffei was contracted for serial production. The first »Leopard I« tanks left the assembly lines in 1965. It was built in six different versions until 1976. Development of its successor »Leopard II« began as early as 1964 and lasted 15 years. From 1979 on it started to replace the »Leopard I« which, however, was continuously improved and remained in active service until the second half of the 1990s. The »Leopard I« was first equipped with a 105 mm gun but later received the 120 mm smoothbore gun of the »Leopard II«. Until the »A2« version the turret was cast in one piece but later welded turrets were used since they offered more space and even better protection. To keep the weight low and the mobility high the armour of the »Leopard I« was relatively weak (70 mm at the front of the hull and 102 mm at the front of the turret). Without preparation it could cross water obstacles to a water depth of up to 2.25 meters (with a snorkel 4 meter deep water obstacles could be crossed). The engine and the gearbox could be exchanged within 30 minutes even in the open field. 2,347 »Leopard I« combat tanks and about 1,200 other track-laying vehicles like a recovery tank version, the anti-aircraft tank »Gepard«, and the bridge-laying vehicle »Biber«, which all based on the »Leopard I«, were built.

British Tank »Centurion Mk13«

The »Centurion« was the last British tank model of World War II. On 14 May 1945, that is six days after the war had ended, the first six »Centurion« were loaded onboard ship in Southampton and transported to Germany. The »Centurion« remained in service for many years and was part of the standard equipment of the British armed forces until the 1960s. Between 1945 and 1967 about 4,000 specimen were built in different versions, part of which were also exported to other countries. All in all there were thirteen basic marks of this tank model. It was first equipped with a 17 pound 83 mm gun which was later replaced by a 20 pound 83 mm gun and finally by a 105 mm gun, the same gun that was first used in the »Leopard I«. The armour was also reinforced twice. Later versions had an infrared vision and fire control system and a laser rangefinder. The last version, the »Centurion Mk13«, had a weight of 52 tons and was equipped with 610 mm wide tracks. The »Centurion« provided the basis for many specialised track-laying vehicles like recovery tanks, engineering vehicles, weapon carriers etc. Even in the 1990s it was still in service in several armed forces. For a time, Israel had 1,000 remodelled »Centurions« in its tank forces. The exhibit in the Museum was used by the Swiss army.

Russian Tank T-54

Already during World War II the T-34 was developed into the intermediate model T-44 by the installation of an enhanced armour and many other improvements. After the war had ended a completely new turret was designed which could accommodate a 100 mm gun and hull and drive were adjusted accordingly. In 1949, the new major Russian tank model, which was referred to as the T-54, was ready for the assembly line. It soon was employed by all nations of the Eastern bloc and was also exported to many friendly nations. At the time of its introduction the T-54 was a superb tank that, due to continuous improvements, was still not outdated many years later. In 1958 the T-55 series followed which combined all the modifications and improvements of the first ten production years while still retaining the major design features of the T-54. Production of the T-55 was continued until 1981. The exact production numbers are unknown but it is estimated that more than 60,000 specimen of the T-54/55 tank family have been built. No other tank has ever found such a wide distribution. The Arab tank forces mainly deployed T-54/55 tanks during the Arab Israeli Wars of 1967 and 1973 and at the beginning of the Gulf War in 1990, the Iraqi army still had 700 specimen of this type in its tank forces. Even after the turn of the millennium thousands of T-54/55 tanks were still in service in more than 50 countries.

Russian Tank T-72

With the introduction of the T-62 in 1961, the series of Russian tanks which can be considered as successors of the T-34 ended. Since the fundamental design of the T-34 left no room for further improvements a completely new tank was constructed. The first result was the T-64 which was built from 1966 on. In 1971 the T-72 followed which, from its outer appearance, can barely be distinguished from the T-64. Compared to the T-34 derived models the hull and the turret had a completely new design. As main armament a fully stabilised 125 mm smoothbore gun with an automatic loader is used which can shoot different types of armour piercing- as well as explosive shells. The crew was reduced to three since due to the automatic loading device a separate gunner was no longer needed. The T-72 is equipped with a laser fire control system and a ballistic computer. Depending on the intended use it can be equipped with a multitude of optional devices. As of 2012 the T-72 is still used by many armed forces. In fact, since the late 1970s there have been gradual improvements in tank technology, for instance with respect to the electronics, but no fundamentally new tank designs. Also the main American battle tank M1 »Abrams« was developed in the 1970s. About 50,000 T-72 have been built, many of which were exported. Armaments companies in Israel, Spain, and France are offering upgrade kits and in Poland German »Leopard« technology was used to adapt the existing T-72 to the NATO standard.

Pferdewagen, LKW, PKW und Zugmaschinen

Carl Benz und Gottlieb Daimler, die Erfinder des Automobils, erkannten schon früh die Vorteile des Motorantriebs für Nutzfahrzeuge jeglicher Art. Bereits 1896, also nur rund 10 Jahre nachdem das Motor-Dreirad von Benz die ersten erfolgreichen Probefahrten absolviert hatte, produzierten sowohl Benz als auch Daimler Liefer- und Lastkraftwagen für den gewerblichen Einsatz. In den Jahren bis zum Ausbruch des Ersten Weltkriegs wurde das Angebot an Nutzfahrzeuge stetig erweitert und verbessert. Außerdem boten die zahlreichen neu gegründeten Automobilfirmen in zunehmendem Maße entsprechende Fahrzeuge an.

In dieser Zeit begann sich auch das Militär erstmals für Motorfahrzeuge zu interessieren. Allerdings war die militärische Führungsschicht stark konservativ geprägt und für technische Entwicklungen meist nur wenig aufgeschlossen. Die Offiziere stammten zum erheblichen Teil aus Adelsfamilien mit großem Grundbesitz, der überwiegend mit Pferden bestellt wurde. Sie waren mit dem Pferd aufgewachsen, und so stand auch bei der kaiserlichen Armee das Pferd im Vordergrund. Kaiser Wilhelm II. soll noch kurz vor dem Ausbruch des Ersten Weltkriegs gesagt haben: »Ich glaube an das Pferd. Das Automobil ist nur eine vorübergehende Erscheinung.« Dies verwundert, da Wilhelm II. zahlreiche Autos besaß und diese auch ausgiebig nutzte. Aber selbst wenn dieses Zitat nicht zutrifft, beschreibt es doch sehr gut die Grundhaltung der überwiegenden Mehrzahl der preußischen Offiziere zu dieser Zeit.

Trotzdem wurden Anstrengungen unternommen, um die kaiserliche Armee mit Kraftfahrzeugen auszustatten. Bei den Personenkraftwagen griff man ausschließlich auf zivile Konstruktionen zurück und unternahm keine Anstrengungen, spezielle Militärmodelle zu entwickeln, da man außer einer Verwendung als Offiziers- und Stabsfahrzeug keine sinnvollen Einsatzmöglichkeiten sah. Anders verhielt es sich bei den Lastkraftwagen. Hier hatte man erkannt, dass Motorfahrzeuge im Kriegsfall bei der Versorgung mit Nachschub von Nutzen sein konnten. Aus Kostengründen vermied man es jedoch, LKW direkt für das Militär zu beschaffen. Stattdessen wurden Standards für LKW entwickelt, die sich auch militärisch nutzen ließen, und subventionierte den Erwerb solcher »Regellastwagen« durch zivile Unternehmungen. Im Kriegsfalle mussten die Fahrzeuge dafür dem Militär zur Verfügung gestellt werden. Eines der ganz wenigen erhalten gebliebenen Exemplare kann im Museum Sinsheim besichtigt werden.

Das Konzept des Subventionslastwagens stellte die zivilen Nutzer vor eine schwierige Entscheidung. Zum einen waren die subventionierten Fahrzeuge so billig, dass sich der Kauf eines rein zivilen Modells kaum lohnte. Zum anderen drohte aber beim Erwerb eines Subventionslastwa-

Oben links: Einer der ersten Militärlastwagen von Daimler. Um kostbares Gummi zu sparen, war der Wagen mit eisenbereiften Holzspeichenrädern ausgerüstet. Ein Fahren abseits befestigter Wege war praktisch unmöglich. Oben rechts: Opel Subventionslastwagen mit Vollgummireifen. Diese im Museum Sinsheim gezeigte Rarität ist einer der ganz wenigen LKW aus der Zeit des Ersten Weltkriegs, der noch erhalten ist.

Wunschdenken und Wirklichkeit - Die Propagandafilme des Dritten Reiches, und leider auch viele der danach entstandenen Dokumentar- und Kriegsfilme, geben einen stark verzerrten Eindruck vom Motorisierungsgrad der Deutschen Wehrmacht. Voll motorisierte Einheiten, wie im obigen Bild gezeigt, waren die Ausnahme, nicht die Regel. Weit mehr als zwei Drittel der Soldaten waren zu Fuß, zu Pferde oder auf Fahrrädern unterwegs. Ein Kommentar beschreibt das Bild rechts unten wie folgt: »Das beispiellose Zusammenwirken der verschiedenen Waffen ermöglicht den Vormarsch in atemberaubender Schnelle.«

gens im Kriegsfall der Verlust der gesamten Investition. Insgesamt hat sich dieses Konzept daher auch lähmend auf die allgemeine Motorisierung ausgewirkt.

Aber nicht nur die ablehnende Haltung eines Großteils der Heeresführung und das problematische Konzept der Subventionslastwagen stand einer breiten Motorisierung der Streitkräfte im Wege. Auch der Stand der Automobiltechnik trug seinen Teil dazu bei. In Bezug auf die Geländegängigkeit und die Robustheit werden an ein Militärfahrzeug Ansprüche gestellt, die weit über ein Zivilfahrzeug hinaus gehen. Die deutsche Automobilindustrie wäre beim damaligen Stand der Technik sicher nicht in der Lage gewesen, bis zum Ersten Weltkrieg eine größere Anzahl militärtauglicher Fahrzeuge zu produzieren. Dies hätte aber auch nur wenig genutzt, denn die Rohstoffknappheit nach dem Kriegsausbruch stellte bereits die wenigen motorisierten Einheiten vor fast unlösbare Probleme. Insbesondere fehlte es an Treibstoff und Gummi, was u.a. dazu führte, dass viele Lastwagen mit gefederten Stahlreifen oder eisenbereiften Holzspeichenrädern anstelle von Gummireifen ausgerüstet wurden. Insofern war die Skepsis der Militärführung in Bezug auf die militärische Nützlichkeit von Motorfahrzeugen nicht völlig unberechtigt. Die damaligen Kriegsgegner waren wesentlich besser mit Kraftfahrzeugen ausgerüstet, allerdings litten sie auch nicht so stark unter der Rohstoffknappheit wie die deutschen Truppen. Schätzungen zufolge verfügte das deutsche Heer zu keinem Zeitpunkt über mehr als 40 000 Kraftfahrzeuge, während die gegnerischen Armeen über 200 000 Fahrzeuge aufbieten konnten.

Zug- und Transportfahrzeuge mit Gleisketten, die auch schwieriges Gelände bewältigen konnten und nicht an Straßen gebunden waren, kamen im Ersten Weltkrieg auf deutscher Seite nur vereinzelt zum Einsatz, obwohl bereits seit 1902 Kettenfahrzeuge für den landwirtschaftlichen Einsatz bekannt waren. Deutschland baute im Ersten Weltkrieg nur ca. 3000 Zugmaschinen für die Artillerie, mit Ausnahme weniger Lanz-Schlepper ausschließlich mit Radantrieb. Die Hauptlast trugen die Pferde. Die englische Armee verfügte dagegen bereits über 1500 Kettentraktoren. Auch die Produktion von bewaffneten motorisierten Kampfwagen kam bei der deutschen Armee über Ansätze nicht hinaus, während Engländer und Franzosen die Entwicklung von Panzerfahrzeugen konsequent vorantrieben und diese ab 1916 in zunehmend größerer Stückzahl einsetzten, wenn auch nur mit mäßigem Erfolg.

In der Zeit zwischen den Weltkriegen, die deutsche Armee hieß jetzt Reichswehr, begrenzten in Deutschland zunächst der Versailler Vertrag und die enormen wirtschaftlichen Probleme mit Inflation und Weltwirtschaftskrise die Möglichkeiten zur Entwicklung motorisierter Militärfahrzeuge. Dies änderte sich nach der Machtübernahme durch die Nationalsozialisten, wenn auch bei weitem nicht so umfassend, wie dies in der Regel dargestellt wird. Auch nach 1933 stand noch immer ein Teil der militärischen Führung der jetzt als Wehrmacht bezeichneten deutschen Armee einer umfassenden Motorisierung skeptisch gegenüber. Erst als die Überlegenheit motorisierter Verbände nicht länger geleugnet werden konnte begann man mit einem groß angelegten Motorisierungsprogramm, das aber 1939 beim Ausbruch des Zweiten Weltkriegs noch bei weitem nicht abgeschlossen war. Von den 106 deutschen Divisionen, die 1939 mobil gemacht wurden, waren nur 10 Panzer- und 6 motorisierte Divisionen. Beim Einmarsch in Russland waren von 192

Während der Nachschub auf lange Distanzen überwiegend mit der Eisenbahn transportiert wurde, trugen Pferde die Hauptlast der unmittelbaren Truppenversorgung. Beim Einmarsch in Russland führte die Wehrmacht über 500 000 Pferde mit. Nur ein Jahr später war über die Hälfte davon bereits jämmerlich zugrunde gegangen.

insgesamt aktiven Divisionen (120 davon wurden in den Russlandfeldzug geschickt) gerade einmal 12 motorisiert. Dazu kamen 20 Panzerdivisionen, die aber über kaum mehr Kampffahrzeuge verfügten als die 10 Panzerdivisionen von 1939, da man die Anzahl der Panzer pro Division halbiert hatte. Wollte man in einem Militärmuseum die Transportgerätschaften der Wehrmacht in der richtigen Gewichtung darstellen, dann müsste man zu 80% Militärstiefel, Pferdewagen und Fahrräder zeigen, denn das waren die zahlenmäßig bei weitem überwiegenden Transportmittel.

Es ist heute kaum noch vorstellbar, was dies für den einfachen Infanteristen bedeutete. Die 12. Infanteriedivision marschierte z. B. zwischen dem 22. Juni und dem 28. Juli 1941 über 900 Kilometer, also durchschnittlich mehr als 25 km pro Tag, bei sengender Hitze mit 50 Pfund Ausrüstung auf dem Rücken durch das sowjetische Niemandsland. Der Verfasser des Kriegstagebuchs der 98. Infanteriedivision beschreibt die Tortur eines 650-Kilometer-Marsches von Kiew nach Moskau im Spätsommer 1941 mit den folgenden Worten:

»Die modernen Feldwagen mit Gummireifen und kugelgelagerten Rädern waren schon lange unter den Belastungen der fürchterlichen Wege zusammengebrochen und durch russische Bauernkarren ersetzt worden. Die leistungsfähigen deutschen Pferde brachen täglich infolge von Erschöpfung und Futtermangel zusammen, doch die struppigen russischen Panjepferde, obwohl eigentlich zu leicht für die schweren Zugdienste, die sie leisten, fressen Birkenzweige und das Stroh von den Dächern der Katen. Ausrüstung, davon viele Tonnen der Divisionsreserve an Munition, mussten wegen mangelnder Transportmöglichkeit am Straßenrand liegen bleiben. Nach und nach verschwanden die einfachsten Lebensnotwendigkeiten, Rasierklingen, Seife, Zahnpasta, Schuhflickzeug, Nadel und Faden. Selbst im September, vor Anbruch des Winters, regnete es unaufhörlich und ein kalter Nordostwind blies, sodass jeden Abend das Gerangel um die Unterkünfte begann, so verwahrlost und verwanzt sie gewöhnlich auch waren. Wenn kein Quartier gefunden werden konnte, fiel die Stimmung der Soldaten auf den absoluten Tiefpunkt. Der Regen, die Kälte und die fehlende Ruhe ließen die Zahl von Erkrankungen ansteigen, die unter normalen Umständen die Einlieferung ins Lazarett bedeutet hätten; doch die Kranken mussten mit der Kolonne weiter marschieren, bis zu 40 Kilometer pro Tag, denn es gab keine Transportmöglichkeit, und in den Wäldern, die von Banden unsicher gemacht wurden, konnte man sie nicht zurücklassen. Das vorgeschriebene Schuhwerk, der Kommisstiefel, fiel auseinander. Alle Dienstgrade waren verdreckt und bärtig, in schmutziger verrotteter und verlauster Unterwäsche; schon bald stellte sich Typhus ein.«

Dies ist wie gesagt keine Schilderung des napoleonischen Russlandfeldzugs vom Anfang des 19. Jahrhunderts sondern eine Beschreibung des Alltags einer deutschen Infanteriedivision in Russland im Jahr 1941. Motorfahrzeuge kommen in dem Bericht gar nicht vor, denn die gab es für den normalen Infanteristen nicht. Und im Winter sollte es noch schlimmer kommen.

Neben der völlig unzureichenden Anzahl von Fahrzeugen gab es aber noch zahlreiche weitere Fehlentwicklungen, die sich als verhängnisvoll erweisen sollten. In Deutschland verfolgte jeder Rüstungsbetrieb seine eigenen Ziele und versuchte, möglichst viele Aufträge für sich zu erhalten. Kooperationen, die auch tatsächlich funktionierten, waren die Ausnahme. Die Folge waren zahllose Parallelentwicklungen. Von den Beschaffungsämtern wurde diese Verhaltensweise auch noch gefördert. Ein typisches Beispiel ist die Beschaffung der berühmten Halbketten-Zugmaschinen der Wehrmacht. Diese waren für die meisten Einsatzzwecke nicht nur unnötig kompliziert, was die Instandhaltung unter Kriegsbedingungen bereits äußerst schwierig machte, es gab sie auch in einer unnötigen Vielfalt. Bei der Planung der Beschaffung im Jahr 1933 entschied man sich für nicht weniger als sechs unterschiedliche Versionen. Dafür verzichtete man bis 1942 weitgehend auf den Bau von einfachen Raupenschleppern, die der Artillerie mehr genutzt hätten. Ein Großteil der Artillerieverbände blieb deshalb bis zum Kriegsende pferdebespannt. Aber damit nicht genug. Jeder der sechs Aufträge ging an eine andere sogenannte »Patenfirma« die, wenn auch nach dem gleichen Grundkonzept, ein völlig eigenständiges Fahrzeug entwickelte, das natürlich auch seine eigenen Ersatzteile benötigte. Dies führte später dazu, dass sich große Teile der Instandsetzungskompanien in halb Europa auf die Suche nach Ersatzteilen machen mussten, nur um bei der Rückkehr festzustellen, dass es die Fahrzeuge gar nicht mehr gab, da man diese beim Weitermarsch mittlerweile hatte zurücklassen müssen. Der bekannte Panzergeneral Guderian beschreibt in seinen Erinnerungen den Ersatzteilmangel als das größte Problem der motorisierten deutschen Truppen im Zweiten Weltkrieg, noch vor der Versorgung mit Treibstoff.

Auch bei den Personen- und Lastkraftwagen sah es bei der Wehrmacht nicht besser aus. Als der Krieg ausbrach waren alle Versuche, eine ausreichende Anzahl standardisierter militärtauglicher LKW und PKW zu entwickeln und zu bauen, weitgehend gescheitert. Zu den wenigen Aus-

Aufgrund des Fahrzeugmangels war ein großer Teil der deutschen Einheiten mit einem bunten Sammelsurium der unterschiedlichsten Typen und Fabrikate ausgerüstet. Schon beim Westfeldzug führte dies zu erheblichen Problemen. In Russland, wo es kaum Straßen gab, war an ein vernünftiges Vorankommen dann nicht mehr zu denken. Einen guten Eindruck gibt das Bild rechts unten. Ein Panzer, ein VW-Käfer, ein Zivil-PKW ein Militärkrad und ein schickes Cabriolet rollen hier einträchtig gemeinsam über eine der typischen russischen Schlammpisten.

nahmen gehörten der VW Kübelwagen und der Opel »Blitz« 3-Tonnen-LKW, die aber nicht in ausreichender Stückzahl vorhanden waren. Dem Mangel an Fahrzeugen versuchte man durch groß angelegte Beschlagnahmungen zu begegnen. Entsprechend chaotisch war die Fahrzeugausstattung der meisten Einheiten. Ein Kriegsteilnehmer beschreibt die Situation wie folgt:

»Wir hatten in meiner Kompanie eine bunte Mischung an Fahrzeugen: von Opel den P4, den Olympia und den Super Six, von Mercedes den 170 V in sieben Varianten und den 230, von Horch PKW mit 8-Zylinder-Reihen- und V-Motor, des weiteren ausländische Fabrikate wie Citroën, Delahaye, Peugeot und Fiat. Nach 1940 kamen noch zahlreiche Beutefahrzeuge aus aller Herren Länder dazu. Insgesamt waren bei uns zeitweise vermutlich mehr als 40 unterschiedliche Fahrzeugtypen im Einsatz. Nur durch erstklassige Fahrer und Monteure und durch alle Improvisationskünste war mit diesem Sammelsurium überhaupt eine Truppenbewegung möglich. Besonders bewährt haben sich die Kraftwagen-Transportabteilungen. 1939 wurden ganze Speditionen einschließlich Fahrer und Inhaber eingezogen und in solchen Abteilungen zusammengefasst. Die haben sich dann natürlich ganz besonders bemüht, ihre Fahrzeuge instand zu halten. Trotz der zahlreichen unterschiedlichen Typen waren die deutschen Diesel-LKW in den Transportabteilungen leistungsfähig und betriebssicher, zumindest solange keine Schlammperiode und kein Winter war. Dann ging auch dort nichts mehr.

Für die hohen Offiziere gab es auch etliche beschlagnahmte Luxuswagen von Mercedes oder Horch die man zum Teil bis ins tiefste Russland mitgeschleppt hat. Das waren prachtvolle Wagen, die sich bei jeder Siegesparade gut gemacht hätten. Die meisten sind aber schnell verloren gegangen, denn schon unter normalen Einsatzbedingungen fielen die Fahrzeuge reihenweise aus. Für den Krieg in Russland waren sie völlig unbrauchbar. In Russland gab es oft Hunderte von Kilometer keine Straßen sondern nur Rollbahnen voller Sand. Da die Luftfilter viel zu klein waren, saugten die Motoren große Mengen von Sand und Staub an, was die Zylinderlaufbahnen innerhalb kürzester Zeit zerstörte. Dies galt nicht nur für die PKW sondern für alle Fahrzeuge, vom Kübelwagen bis zum Panzer. Aus den Ölwannen konnte man händeweise Sand herausschaffen. Während der Schlammperioden im Herbst und im Frühjahr versanken alle Fahrzeuge im Morast. Im Winter fror bei Temperaturen von -48°C alles ein, wenn man die Motoren nicht Tag und Nacht durchlaufen ließ, was aber wegen des Treibstoffmangels oft nicht möglich war. Von den PKW hatten nur ganz wenige eine Heizung, bei den LKW gab es gar keine. Die deutschen Konstrukteure und Fahrzeugbauer haben es tatsächlich nicht fertig gebracht, die warme Abluft des Motors in das Fahrzeug zu leiten. Dafür gab es an den Pedalen Schlitze, durch die im Winter der eiskalte Fahrtwind direkt an den Füßen des Fahrers vorbei in den Innenraum blies. Als Notbehelf haben wir Steine heiß gemacht, mit Säcken umwickelt und in das Fahrzeug gelegt. Dem Fahrer, der direkt im Luftzug saß, hat dies aber nur wenig genützt.

Eine Versorgung auch nur mit den nötigsten Ersatzteilen war praktisch unmöglich. Schon die Reifenknappheit war unvorstellbar. Wenn ein Reifen einen Durchschuss oder ein Loch hatte, dann hat man von einem alten Reifen ein Stück Gummi zurechtgeschnitten und während des Aufpumpens zwischen Reifen und Schlauch geschoben, um überhaupt noch fahren zu können. Viele LKW gingen bei Kolonnenfahrten verloren, weil die Stoßstangen bei den zahllosen unterschiedlichen Typen nicht auf der gleichen Höhe saßen. Bei Kolonnenfahrten kam es oft zu Zusammenstößen, bei denen sich der Kühler des Hintermanns in die Stoßstange des Vordermanns bohrte. Da der Schaden meist nicht an Ort und Stelle behoben werden konnte, wurde der beschädigte Wagen einfach umgekippt, damit man weiterfahren konnte. Je länger der Krieg dauerte, um so mehr Fahrzeuge mussten wegen fehlender Ersatzteile zurückgelassen werden, und das, obwohl wir viel zu wenige Fahrzeuge hatten.«

Dies war die Realität der deutschen Streitkräfte im Zweiten Weltkrieg. Ausgestattet mit zu wenig und häufig auch unzweckmäßigem Gerät wurden die Soldaten überwiegend zu Fuß und zu Pferde in einen mörderischen Krieg geschickt. Die motorisierten Verbände, die die meisten Propaganda- und Kriegsfilme beherrschen, stellten die Ausnahme und nicht die Regel dar. Neben einer Auswahl der wichtigsten Kraftfahrzeuge werden im Museum Sinsheim daher auch zahlreiche Pferdewagen gezeigt, die während der Zeit des Zweiten Weltkriegs auf Seiten der Wehrmacht zahlenmäßig bedeutender waren als die Motorfahrzeuge. Die ausgestellten russischen und amerikanischen Fahrzeuge erlauben einen Vergleich, wie die damaligen Kriegsgegner ausgerüstet waren.

Schwerer Heeresfeldwagen Hf. 2

Filme über den Zweiten Weltkrieg vermitteln oft den Eindruck, als wenn die damaligen Armeen voll motorisiert gewesen wären. Nur die amerikanischen Truppen waren aber tatsächlich komplett motorisiert. Für alle anderen sah die Wirklichkeit anders aus. Noch 1941 zogen rund 70 % der deutschen Soldaten zu Pferde, auf Fahrrädern oder zu Fuß ins Verderben. In den unwegsamen Regionen Russlands, wo es nur Schlamm und keine Straßen gab, erwiesen sich dabei die Pferdewagen als unverzichtbar für jede Form des Nachschubtransports. Insbesondere im Winter waren Pferdefuhrwerke oft die einzigen einsatzfähigen Transportmittel. Der im Museum ausgestellte, speziell für den militärischen Einsatz konstruierte schwere Feldwagen wurde ab 1906 zunächst bei der kaiserlichen Armee eingeführt. Danach blieb er bis 1945 bei der Reichswehr und der Wehrmacht nahezu unverändert im Einsatz. Bespannt mit 2 - 4 Pferden konnte er bei einem Eigengewicht von 1500 kg eine Nutzlast von 1000 kg transportieren.

Auch im Zweiten Weltkrieg trugen bei der deutschen Armee Pferde die Hauptlast aller Transportaufgaben. Beim Einmarsch nach Russland führte die Wehrmacht über 500 000 Pferde und zahllose Gespannwagen mit. Ohne sie wäre die Nachschubversorgung binnen kürzester Zeit zum Erliegen gekommen. Wo kein Fahrzeug mehr fahren konnte, fanden Pferde noch immer einen Weg. Ein besonders interessantes Exponat im Museum Sinsheim ist die rechts gezeigte pferdebespannte Feldküche. Dieses Modell wurde im Frühjahr 1918 bei der kaiserlichen Armee eingeführt und blieb bis 1945 praktisch unverändert im Gebrauch. Auf den drei Kochstellen konnte eine Mahlzeit für 125 - 225 Mann zubereitet werden.

Opel »Blitz« 3 to-LKW mit Allradantrieb und Kastenaufbau

Der Opel »Blitz« LKW mit einer Nutzlast von drei Tonnen war der zahlenmäßig mit Abstand bedeutendste LKW der Deutschen Wehrmacht. Über 100 000 Exemplare dieses robusten Fahrzeugs wurden allein für das Militär gefertigt. Dazu kam noch eine große Anzahl von zivilen Modellen, die bei Kriegsbeginn eingezogen wurden. Als Antrieb diente ein noch von General Motors entwickelter wassergekühlter 6-Zylinder-Benzinmotor mit 3,6 Liter Hubraum und 68 PS. Speziell in der Allradversion hat er sich auch unter härtesten Einsatzbedingungen bewährt. In diesem Zusammenhang sei noch darauf hingewiesen, dass zahlreiche LKW-Modelle sowohl nur mit Hinterradantrieb als auch mit Allradantrieb hergestellt wurden. Die ersteren werden mit »S« für »Standardversion« bezeichnet, die letzteren mit »A« für »Allradversion«.

Die Entwicklung des Opel »Blitz« begann Mitte der 1930er Jahre. Die Planung sah von Beginn an den Bau einer Zivil- und einer Militärversion vor, da LKWs der 3 to-Klasse zu jener Zeit für beide Einsatzbereiche am besten geeignet waren. Nach harten Tests ging 1937 zunächst die »S« Version in Serie, die in erster Linie für zivile Zwecke gedacht war. 1940 folgte die Militärversion »A« mit Allradantrieb. Beide Typen wurden mit unterschiedlichen Kastenaufbauten versehen, sowie als Pritschenwagen mit und ohne Plane ausgeliefert. Vereinzelt wurden sogar 2- und 3,7-cm-Flak-Geschütze auf die Ladefläche montiert. Des weiteren entstand auf der Basis des LKW ein Wehrmachts-Omnibus mit bis zu 30 Sitzplätzen. Die Produktion des »Blitz« endete bei Opel zunächst 1944, als die Fabrikanlagen durch Bombenangriffe zerstört wurden. Nach Kriegsende wurde sie wieder aufgenommen und schon bald gehörte der »Blitz« erneut zu den beliebtesten mittleren LKW.

Wie bereits erwähnt waren die deutschen Fahrzeugfirmen bestrebt, in erster Linie ihre eigenen Konstruktionen zu bauen und an die Wehrmacht zu liefern. Dieses Konkurrenzdenken hat zwar zu vielen originellen technischen Lösungen geführt, aber auch unverhältnismäßig viele Entwicklungs- und Fertigungskapazitäten gebunden. Bemühungen zur Standardisierung wurden meist nur halbherzig betrieben. Ein typisches Beispiel ist der Opel »Blitz«. Da sich dieses Modell insbesondere gegenüber dem Dreitonner von Mercedes-Benz als überlegen erwiesen hatte, ordnete Hitler im Juni 1942 persönlich an, dass im Mannheimer Mercedeswerk ab sofort nicht mehr der eigene LKW sondern das Modell von Opel gebaut werden sollte. Diese »Schande« soll den Direktor des Mannheimer Werkes so sehr getroffen haben, dass er wenige Wochen später verstarb. Danach folgte eine zweijährige Phase des hinhaltenden Widerstands. Erst im Juli 1944 lief die Produktion an. Gerade noch rechtzeitig,

Opel »Blitz« 3 to-LKW mit Pritsche und Holzvergaser

(ca. 80 %) der Holzmasse gasförmig. Dies ist ein normaler Vorgang, der in jedem Holzofen stattfindet. In einem Ofen verbrennt das Holzgas jedoch bei ausreichender Sauerstoffzufuhr sofort. Dies ist übrigens auch der Grund, warum Holz immer unter Luftüberschuss verbrannt werden sollte. Bei zu geringer Luftmenge entweicht sonst nämlich ein erheblicher Teil der Holzgase ungenutzt durch den Schornstein.

Bei einem Holzvergaser werden die brennbaren Gase abgeleitet, durch einen Filter (dies ist das große Rohr vor der Stoßstange) geführt, in dem sich Kondenswasser, Teer und Ruß absetzen können, danach im oberhalb des Filters angeordneten Kühler abgekühlt, wobei nochmals große Mengen Kondenswasser abgeschieden werden (abgelagertes Holz enthält 10-20 % Wasser) und schließlich vom Motor angesaugt.

Im Prinzip können die meisten Benzinmotoren mit Holzgas betrieben werden. Je nach Qualität ersetzen dabei 3-4 kg Holz einen Liter Benzin. Allerdings reduziert sich die Motorleistung auch unter optimalen Bedingungen um mindestens 20 %. Des weiteren ist das Anheizen des Holzvergasers und das Anlassen des Motors eine Kunst für sich. Neben einer Klappe zur Gasregulierung ist z. B. am Motor ein aufgebohrter Motorradvergaser angebracht, um den Motor mit Benzin starten zu können. Falls gar kein Treibstoff verfügbar ist, wird das Holzgas zum Starten erst mit einem kleinen elektrisch betriebenen Gebläse angesogen und dann der Motor angelassen.

technik-museum.de/video/opelblitz

denn kurz darauf wurden die Produktionsanlagen des Opel-Lastwagenwerks in Brandenburg durch einen Luftangriff zerstört. Der hier gezeigte Opel »Blitz« mit Holzvergaser von 1944 stammt aus dem Mannheimer Mercedes-Benz Werk. Aufgrund der Materialknappheit besteht das Fahrerhaus aus Faserplatten. Über dem Beifahrersitz wurde ein Loch in das Dach gesägt, damit der Beifahrer Ausschau nach Jagdbombern halten und den Fahrer bei deren Auftauchen rechtzeitig warnen konnte.

Insbesondere in den letzten Kriegsjahren war Benzin äußerst knapp. Die wenigen zivilen Fahrzeuge sowie die Fahrzeuge der rückwärtigen Militäreinheiten wurden daher im großen Umfang mit Holzgas betrieben. Nur die kämpfende Truppe fuhr weiterhin ausschließlich mit Benzin. Marktführer für Holzvergaser war in Deutschland die Kölner Firma Imbert. Bei einem Holzvergaser wird Holz in einem Kessel bei geringer Sauerstoffzufuhr erhitzt. Beim Opel »Blitz« befindet sich dieser Kessel hinter dem Fahrerhaus. Durch das Erhitzen wird ein großer Teil

Mercedes-Benz L 1500

Der Eigensinn von Mercedes-Benz war zeitweise auch von Vorteil. Im März 1939 verabschiedete die Wehrmacht ein Programm, mit dem die ungesunde Typenvielfalt bei den Lastwagen begrenzt werden sollte. Nach dem Namen des damaligen Generalbevollmächtigten für das Kraftfahrtwesen, Oberst von Schell, bezeichnete man dieses als »Schell-Programm«. Wie chaotisch die Situation zu diesem Zeitpunkt war, zeigt sich daran, dass die geplante Beschränkung auf vier Typen mit 1,5, 3, 4,5 und 6 Tonnen Nutzlast, die von vier unterschiedlichen Firmenverbünden hergestellt werden sollten, bereits als ein enormer Fortschritt angesehen wurde.

Mercedes-Benz sollte bei der Entwicklung und Produktion der 3to-, 4,5to- und 6to-Typen mitwirken, war aber beim leichten 1,5to-LKW nicht berücksichtigt worden. Bei Mercedes setzte man sich kurzerhand über diese Vorgabe hinweg und begann auf eigene Rechnung mit der Entwicklung eines 1,5-Tonners. So entstand der Mercedes-Benz LKW 1500, der sowohl nur mit Hinterradantrieb als auch mit Allradantrieb gebaut werden konnte.

Im Nachhinein war diese Eigenmächtigkeit ein Glücksfall für die Wehrmacht. Der Mercedes 1500 erwies sich nämlich als eine sehr robuste Konstruktion, die auch harten Einsatzbedingungen standhielt. Seine Bedeutung lag allerdings nicht bei der Verwendung als Lastkraftwagen. Wie sich schon schnell zeigte, waren die Dreitonner unter Kriegsbedingungen allen anderen LKW-Typen überlegen. Mit etwas mehr Weitblick hätte man dies schon vor 1939 erkennen und die Produktion von Miltär-LKW auf die Massenfertigung eines guten Dreitonners, wie dem Opel »Blitz«, beschränken können. Die 1,5to-LKW hatten im Verhältnis zum Produktions- und Betriebsaufwand eine zu geringe Nutzlast. Versehen mit unterschiedlichen Aufbauten erwies sich der Mercedes 1500 jedoch als ein äußerst nützliches Vielzweckfahrzeug, das insbesondere den völlig misslungenen schweren Einheits-PKW der Wehrmacht ersetzen konnte. Zwei unterschiedliche Ausführungen sind im Museum Sinsheim zu sehen, ein Sanitätskraftwagen (oben) und ein Mannschaftswagen für acht Soldaten (unten). Des weiteren entstanden auf der Basis der kleinen Mercedes-LKW zahlreiche Feuerlöschfahrzeuge. Angetrieben wurde der Mercedes 1500 von einem 6-Zylinder-Benzinmotor mit 60PS Leistung.

Mercedes-Benz Löschgruppenfahrzeug LF-15

Bei diesem Feuerwehrfahrzeug aus der Ausstellung des Technik Museum Speyer handelt sich um ein sogenanntes Löschgruppenfahrzeug, mit dem ein kompletter Löschtrupp mit 9 Mann einschließlich der zugehörigen Ausrüstung zum Brandort transportiert werden kann. Es handelt sich um die Ausführung LF-15, die auf dem 3-Tonner-LKW von Mercedes basierte, und ist u. a. mit einem Wassertank und einer fest eingebauten Pumpe ausgestattet. Dieses 1941 gebaute Fahrzeug war bis 1991 bei der Speyerer Feuerwehr im Einsatz. Es wurde 1999 komplett überholt und anschließend dem Museum als Dauerleihgabe überlassen. Das Bild rechts zeigt (von links) Museumsleiter Hermann Layher, Frau Schineller, Peter Kaiser von der Speyerer Feuerwehr und den damaligen Oberbürgermeister der Stadt Speyer Werner Schineller bei der feierlichen Übergabe des Fahrzeugs.

Phänomen Granit 1500 S

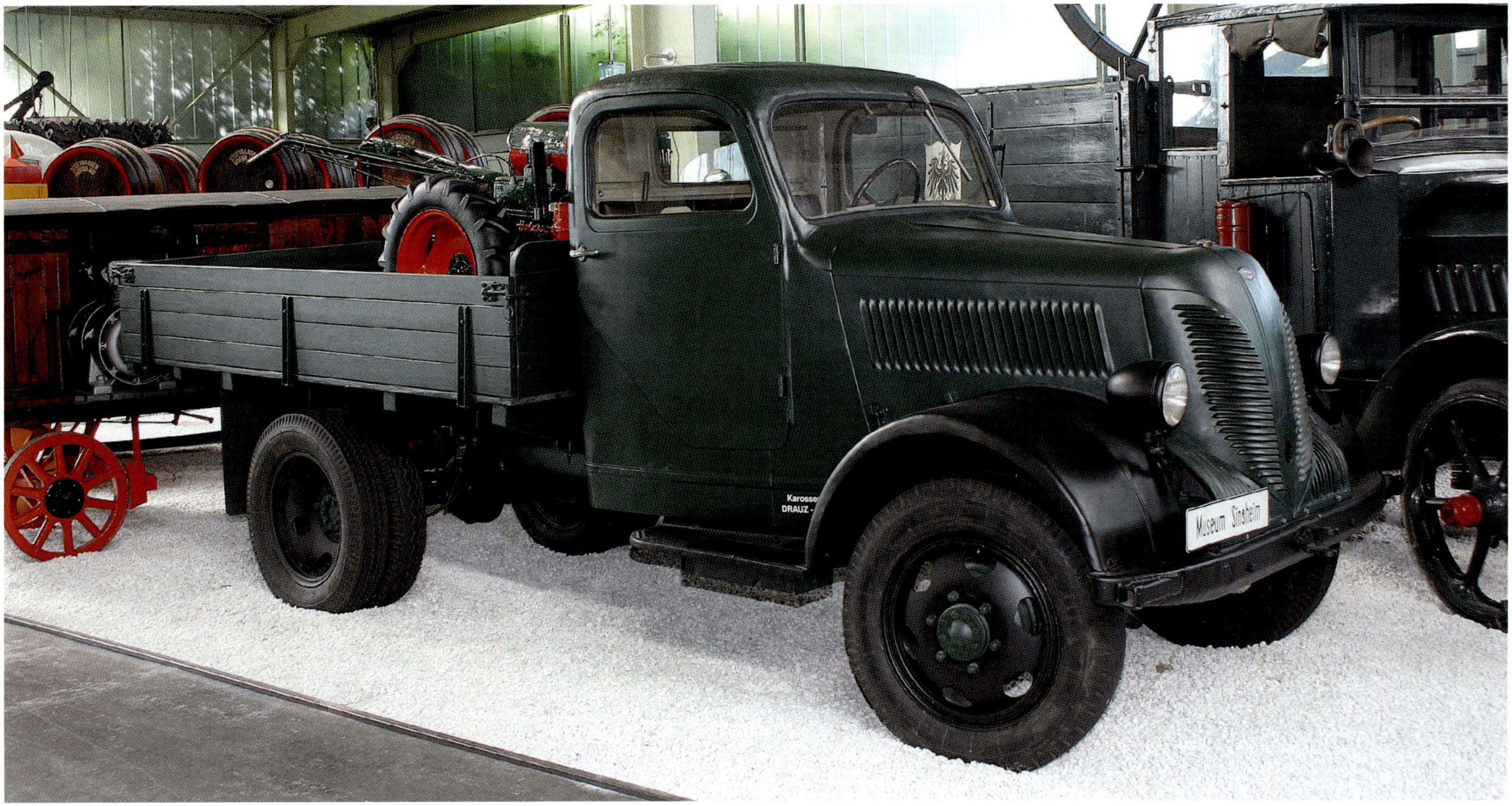

Die Firma »Phänomen« wurde 1888 in Zittau / Sachsen gegründet und produzierte zunächst Fahrräder und Motorräder. 1906 begann die Serienfertigung des ersten Phänomen-Automobils, einem preiswerten Dreiradfahrzeug, das auf den Namen »Phänomobil« getauft wurde. Später entstanden bei Phänomen auch vierrädrige PKW, die sich auf dem Markt aber nicht durchsetzen konnten. Wesentlich erfolgreicher waren die Sachsen mit ihren kleinen LKWs, die sich durch Robustheit und einen günstigen Preis auszeichneten. Nach dem Ende des Zweiten Weltkriegs wurde die Produktion ab 1949 weitergeführt und die Firma 1957 in VEB Robur Werke Zittau umbenannt. Was zwei Weltkriege, Inflation und Weltwirtschaftskrise nicht geschafft hatten, erledigte dann die Wiedervereinigung. Mit ihrer völlig veralteten Produktpalette und ohne Kapital für Neuentwicklungen hatte die Firma keine Chance. 1991 wurde die Produktion eingestellt.

Der im Museum gezeigte »Granit 1500 S« Baujahr 1940 mit einer Nutzlast von 1,6 Tonnen ist ein typischer Phänomen-LKW aus der Zeit des Zweiten Weltkriegs. Als Antrieb dient ein luftgekühlter 4-Zylinder-Benzinmotor mit 50 PS Leistung. Wie der Mercedes-Benz 1500 wurde auch der Granit 1500 meist nicht als LKW verwendet, sondern mit einem Aufbau versehen. Eine gewisse Bedeutung erlangte der Granit 1500 als Sanitätsfahrzeug, von dem ca. 1 500 Exemplare gebaut wurden. Die LKW-Version mit Pritsche, die im Museum gezeigt wird, ist eine große Rarität, denn von diesem Modell wurden nur ca. 150 Exemplare gebaut.

Mercedes-Benz LKW L 4500 S

Die Bedeutung der unterschiedlichen LKW-Größenklassen für die Wehrmacht spiegelt sich auch in den Produktionszahlen wider. Ohne Berücksichtigung der bereits vorhandenen LKW, die nach Kriegsausbruch eingezogen wurden, und den Beutefahrzeugen ergibt sich folgendes Bild: bis 1,5 to ca. 30000, über 1,5 bis 3,5 to ca. 270000, über 3,5 bis 4,5 to ca. 30000, über 4,5 to ca. 2500. Die Gesamtproduktion betrug somit rund 330000 Stück. Zum Vergleich: allein in Amerika wurden von 1941 bis 1945 über 2,6 Millionen LKW für das Militär hergestellt, also fast 8 Mal so viel.

Von den 30000 LKW der Größenklasse über 3,5 bis 4,5 to entfielen rund 10000 auf den hier gezeigten L 4500 von Mercedes-Benz und ca. 14000 auf den 4,5 to-LKW von Büssing / NAG. Im Gegensatz zu den LKWs bis 3,5 Tonnen Nutzlast die, von wenigen Ausnahmen abgesehen, mit Benzinmotoren fuhren, kamen bei den schweren LKW-Typen nahezu ausschließlich Dieselmotoren zum Einsatz. Der L 4500 wurde z. B. von einem 7-Liter 6-Zylinder-Dieselmotor von Mercedes-Benz mit 112 PS Leistung angetrieben. Wie die meisten anderen LKW gab es auch diesen Typ als Standard- und als Allrad-Modell. Das im Museum gezeigte Exemplar ist ein Standardmodell. Die Produktion lief von 1939 bis zur Zerstörung der Fabrikanlagen im Jahr 1944. Nach Kriegsende wurde die Fertigung dieses robusten LKW wieder aufgenommen und bis in die 1950er Jahre fortgeführt.

Dieses Bild zeigt die Realität der deutschen Transportverbände während des Russlandfeldzugs. Eine bunte Mischung der unterschiedlichsten LKW quält sich durch den russischen Schlamm. Es bedarf keiner weiteren Erläuterung, dass mit den verfügbaren Fahrzeugen unter diesen Bedingungen eine geordnete Versorgung mit Nachschub nicht möglich war.

Oben links: Ein Magirus Wehrmachts-Omnibus Seite an Seite mit einem Opel-Kapitän-Cabriolet, das für solche »Straßenverhältnisse« wahrlich nicht gedacht war. Unter diesen Bedingungen pro Tag 10 km zurückzulegen war bereits eine Leistung. Oben rechts: Ein Henschel 2,5 to-Standard-LKW der als Telefon-Gerätewagen diente. Die robuste Erscheinung trügt. Aufgrund des fehlenden Vorderradantriebs blieben die Standard-LKW leicht im Schlamm stecken. Unten links: Warum die 3 to-LKW in Russland am nützlichsten waren, erklärt dieses Bild. Unten rechts: Leider standen nur selten Zugmaschinen wie diese erbeutete sowjetische »Stalinette« zur Verfügung, die liegen gebliebene Fahrzeuge aus dem Schlamm ziehen konnten.

DEMAG 1 to Halbketten-Zugmaschine Sd. Kfz. 10

Aus der Tatsache, dass Halbkettenfahrzeuge nach dem Zweiten Weltkrieg keine Rolle mehr spielten, und die russischen und westalliierten Streitkräfte auf solche Fahrzeuge weitgehend verzichteten, ergibt sich die Frage, warum sie bei der Wehrmacht derart verbreitet waren. Ausschlaggebend war vermutlich, dass Halbkettenfahrzeuge zu der Zeit, als die Weichen für die Motorisierung der Wehrmacht gestellt wurden, eine technische Modeerscheinung darstellten, und auf den ersten Blick einen guten Kompromiss zwischen hoher Geländegängigkeit, Zuglast, Geschwindigkeit und leichter Bedienbarkeit darstellten. Als man sich für die Halbkettenfahrzeuge entschieden hatte blieb man dabei, trotz der zahlreichen Nachteile, die zum Teil technisch bedingt waren, zum erheblichen Teil aber auch durch eine schlechte Planung verursacht wurden.

Die DEMAG 1 to Zugmaschine der Wehrmacht gehört zur Kategorie der sogenannten Halbketten-Zugmaschinen. Bei diesem Fahrzeugtyp erfolgt der Antrieb über ein hinten angeordnetes Kettenlaufwerk, das sich über rund zwei Drittel der Fahrzeuglänge erstreckt. Vorne ist das Fahrzeug mit einer normalen gelenkten LKW-Vorderachse mit Blattfedern versehen, die aber weder angetrieben noch gebremst ist. Diese Bauweise blieb nicht auf Zugmaschinen beschränkt, sondern wurde auch bei vielen leicht gepanzerten Fahrzeugen (z. B. Panzerspähwagen) und beim weiter unten beschriebenen Kettenkrad verwendet. Obwohl die Westalliierten und die russische Armee im Zweiten Weltkrieg ebenfalls über derartige Fahrzeuge verfügten, waren die Halbketten-Zugmaschinen doch im Wesentlichen typisch für die Deutsche Wehrmacht. Keine andere Armee hat jemals Halbkettenfahrzeuge in einer solchen Stückzahl und Vielfalt eingesetzt wie die Wehrmacht im Zweiten Weltkrieg.

Grundsätzlich bietet der Kettenantrieb im Vergleich zum Radantrieb eine deutlich bessere Zugleistung in schwierigem Gelände. Des weiteren kann die Ladefläche wesentlich stärker belastet werden, was z. B. den Aufbau leichter Panzer- oder Flugabwehrgeschütze ermöglicht, die für ein Radfahrzeug nicht nur zu schwer wären sondern dieses auch beim Feuern zu stark ins Schwanken bringen würden. Diesen gewichtigen Vorteilen stehen jedoch erhebliche Nachteile gegenüber. Ein besonders kritischer Punkt ist die Lenkung. Mit der gelenkten, konventionellen Vorderachse sind nur geringfügige Richtungskorrekturen möglich. Bei starken Richtungsänderungen müssen wie bei einem Panzer die Ketten gebremst werden. Da die Halbkettenzugmaschinen über ein normales Lenkrad verfügen erfordert dies ein kompliziertes Lenkgetriebe, das nicht nur die weitgehend wirkungslose Vorderachse bewegt, sondern ab einem bestimmten Lenkradeinschlag zusätzlich den Bremsmechanismus der Ketten aktiviert.

Des weiteren zerstört der Kettenantrieb bei Straßenfahrten sehr schnell den Fahrbahnbelag, ist auf der Straße sehr laut und unterliegt einem erheblichen Verschleiß. Um dem entgegenzuwirken, und auch schnellere Straßenfahrten zu ermöglichen, wurden die Ketten mit Gummipolstern versehen. Auf normalen Straßen, im Schlamm oder im Sand bewährte sich dies sehr gut. Als dann die Zugmaschinen aber in Russland mit der harten Realität eines Winterkrieges konfrontiert wurden, versagten sie völlig, da die Gummipolster auf festgefahrenem Schnee praktisch keinerlei Halt boten. Selbst geringfügige Steigungen waren auf einmal unüberwindbar. Um bei solchen Bedingungen wenigstens einigermaßen fahren zu können, mussten auf den Gummipolstern kleine Schneeketten montiert werden, was die Einsatzmöglichkeiten der Halbkettenfahrzeuge im Winter erheblich einschränkte.

Je länger der Krieg dauerte, um so mehr erwies sich die komplizierte Technik der Halbketten-Zugmaschinen und der sich daraus ergebende hohe Wartungsaufwand und der immense Bedarf an Ersatzteilen als ein entscheidender Nachteil. Verschärft wurde diese Situation durch eine unsinnige Modellvielfalt. Bereits 1933 wurde entschieden, für die Wehrmacht nicht weniger als sechs Zugmaschinentypen für Zuglasten bis 1, 3, 5, 8, 12 und 18 Tonnen zu beschaffen, die insbesondere als Zugmittel für die Artillerie dienen sollten. Um das Chaos perfekt zu machen gingen die Entwicklungsaufträge jeweils an eine andere Firma. Dies war eines der Grundübel der deutschen Rüstungsplanung im Zweiten Weltkrieg. Anstatt wenige Fahrzeuge standardisiert in großen Stückzahlen zu produzieren und die begrenzten Kapazitäten der deutschen Industrie zu bündeln, verzettelte man sich in zahllosen Parallelentwicklungen miteinander konkurrierender Firmen die, anstatt zusammenzuarbeiten, eifersüchtig um jeden Rüstungsauftrag buhlten. Das Ergebnis waren Fahrzeuge die zwar im Prinzip, jedes für sich genommen, nicht schlecht waren, die aber aufgrund der unterschiedlichen Technik unter Kriegsbedingungen nur völlig unzureichend mit Ersatzteilen versorgt werden konnten und zudem infolge des hohen Produktionsaufwands und der auf zahllose Firmen aufgesplitterten Fertigung nicht in ausreichender Stückzahl verfügbar waren.

Federführend für die Entwicklung des kleinsten Modells, der 1 to Zugmaschine mit der offiziellen Bezeichnung Sd. Kfz. 10, war die DEMAG (Deutsche Maschinenbau AG). Die Bezeichnung »1 to« kennzeichnet die Anhängelast, die die Zugmaschine in mittlerem Gelände noch ziehen konnte. Ab 1934 entstanden zunächst 5 Prototypen, die von einem 1,5-Liter-BMW-Motor angetrieben wurden. In Serie ging 1937 schließlich die sechste Ausführung (D6) mit einem 90 PS 3,8-Liter-Maybach-Motor, der 1939 durch einen 100 PS 4,2-Liter-Motor, ebenfalls von Maybach, ersetzt wurde (Ausführung D7). Die DEMAG 1 to Zugmaschine diente in der Wehrmacht überwiegend als Zugmittel für leichte Geschütze, vor allem für die 3,7-cm-Pak und später die 5-cm-Pak der Panzerjäger. Bei einer größeren Anzahl wurde auch die 2-cm-Flak 38 auf die Ladefläche montiert

DEMAG 1 to Halbketten-Zugmaschine mit 2-cm-Flak 38 und Sonderanhänger 51

(siehe diese Doppelseite). Daneben waren die motorisierten Infanterieeinheiten der Panzerkompanien u. a. mit der »1 to« ausgestattet.

Als einziges deutsches Halbkettenfahrzeug besaß die 1 to Zugmaschine das berühmte halbautomatische Maybach-Schaltgetriebe. Bei diesem Getriebe wird zunächst der Gang vorgewählt und anschließend durch Durchtreten des Kupplungspedals mit Hilfe von Unterdruck geschaltet. Zusammen mit der Schneckenlenkung der Vorderräder und einer hydraulischen Lenkbremse, die auf die Antriebsräder des Kettenlaufwerks wirkt, ergab dies eine leichte Bedienbarkeit, die aber durch eine unnötig komplizierte und aufwändige Technik teuer erkauft wurde.

Trotz aller Probleme erwies sich die 1 to Zugmaschine als gelungene Konstruktion, die bis 1945 fast unverändert gebaut wurde. Insgesamt produzierten die Firmen DEMAG, Büssing-NAG, Adler, Phänomen und Saurer rund 17500 Exemplare. Zusätzlich entstanden auf der Basis dieses Modells ca. 7500 Exemplare des leichten Schützenpanzerwagens Sd. Kfz. 250. Nur wenige Exemplare haben den Krieg überstanden. Drei davon können in der militärhistorischen Sammlung des Museum Sinsheim besichtigt werden.

technik-museum.de/video/demag1to

Technische Daten DEMAG 1 to Zugmaschine D7 (offizielle Bezeichnung: Leichter Zugkraftwagen 1 to Sd. Kfz. 10)
Besatzung: 2+6 Mann; Abmessungen: Länge 4,75 m, Breite 1,93 m, Höhe 1,62 m; Fahrzeuggewicht: 3400 kg; Zuläss. Gesamtgewicht: 4900 kg; Zugkraft am Haken: 2700 kg; Anhängelast: 1000 kg; Antrieb: wassergekühlter Maybach 6-Zylinder-Benzinmotor mit 4,2 Litern Hubraum und 100 PS Leistung; Straßengeschwindigkeit: 65 km/h; Tankinhalt: 115 l; Verbrauch (100 km): 38 - 67 l; Fahrbereich: 170 - 300 km; Watfähigkeit: 0,7 m; Wendekreis: 10 m; Bauzeit: 1937 - 1945; Stückzahl: ca. 17500 + 7500 Fahrgestelle

Die hier gezeigte 1 to Zugmaschine verfügt neben dem Flak-Geschütz über einen Spezialanhänger, der zum Transport von Zubehör und Munition oder als Geschützlafette verwendet werden konnte (siehe die Fotos rechts).

3 to Halbketten-Zugmaschine Sd. Kfz. 11

Als »Patenfirma« für die zweite leichte Zugmaschine der Wehrmacht mit einer maximalen Anhängelast von 3 Tonnen wurde 1933 die Firma Hansa-Lloyd in Bremen bestimmt. Der erste, im Jahr 1937 fertig gestellte Serientyp hatte noch den 70 PS 3,5-Liter-Sechszylinder-Motor des Personenwagens Hansa 3500. Danach wurde die Entwicklung bei Hanomag weitergeführt. Die endgültige, ab 1938 gebaute Ausführung wurde zunächst mit einem 3,8-Liter- und schließlich mit einem 4,2-Liter-Motor von Maybach ausgestattet. In dieser Form blieb die Zugmaschine bis 1945 in der Produktion. Insgesamt entstanden bei Hansa-Lloyd, Hanomag, Adler, Auto-Union und Skoda ca. 9 000 Zugmaschinen sowie ca. 16 000 Fahrgestelle, die für den mittleren Schützenpanzerwagen Sd. Kfz. 251 verwendet wurden. Die 3 to Zugmaschine diente in erster Linie als Zugmittel für die leichte Feldhaubitze 18 (10,5 cm), die 7,5-cm-Panzerabwehrkanone 40 und diverser Nebelwerfer. Des weiteren fand sie bei den Pioniertruppen und bei der Flakartillerie Verwendung.

Wie bereits angemerkt, wurde rund ein Drittel der 1-to-Fahrgestelle und zwei Drittel der 3-to-Fahrgestelle zum Bau der beiden wichtigsten Schützenpanzer der Wehrmacht, die Typen 250 und 251, genutzt. Obwohl diese Fahrzeuge nur verhältnismäßig leicht gepanzert und bewaffnet waren, boten sie doch ausreichend Schutz gegen leichte Infanteriewaffen und reduzierten so die Verluste der Panzergrenadiere in einem ganz erheblichen Maße. In dieser Art der Verwendung waren die »kleinen« Halbketten-Fahrwerke mindestens ebenso bedeutend, wie in ihrer ursprünglichen Funktion als Antrieb der leichten Zugmaschinen.

Technische Daten 3 to Zugmaschine (offizielle Bezeichnung: Leichter Zugkraftwagen 3 to Sd. Kfz. 11)
Besatzung: 2+6 Mann; Abmessungen: Länge 5,55 m, Breite 2,00 m, Höhe 2,15 m; Fahrzeuggewicht: 5 550 kg; Zuläss. Gesamtgewicht: 7 100 kg; Anhängelast: 3 000 kg; Antrieb: wassergekühlter Maybach 6-Zylinder-Benzinmotor mit 3,8 oder 4,2 Litern Hubraum und 90 bzw. 100 PS Leistung; Straßengeschwindigkeit: 52 km/h; Tankinhalt: 110 l; Verbrauch (100 km): 45 - 75 l; Fahrbereich: 140 - 240 km; Watfähigkeit: 0,5 m; Wendekreis: 13,5 m; Bauzeit: 1938 - 1945; Stückzahl: ca. 9 000 + 16 000 Fahrgestelle

Bildreihe rechts: Die leichten Halbkettenfahrzeuge der Wehrmacht wurden während der gesamten Dauer des Zweiten Weltkriegs an allen Fronten als Zugmaschinen und Waffenträger eingesetzt.

Bilder oben: Als Grundlage für den leichten deutschen Schützenpanzerwagen Sd. Kfz. 250 diente das um ein Radpaar verkürzte Fahrgestell der 1 to Zugmaschine. Bilder rechts: Eine der 1 to Zugmaschinen aus dem Museum nach der Restaurierung bei Probefahrten im Gelände.

5 to Halbketten-Zugmaschine Sd. Kfz. 6 mit Bilstein-Kran

Besonders in Russland wurden Mensch und Material auf das Äußerste beansprucht. Der Fahrzeugverschleiß war extrem hoch. Die Ausfallraten durch technische Defekte lagen oft höher als die Ausfälle durch Feindbeschuss. Den Instandsetzungseinheiten kam daher eine ganz besonders große Bedeutung zu. Auch auf diesem Gebiet war die Wehrmacht schlecht ausgerüstet. Insbesondere fehlten Kräne zum Austausch der zentnerschweren Panzermotoren, die durch Staub und Sand oft schon nach wenigen tausend Kilometern verschlissen waren. Brauchbare hydraulische Autokrane gab es bei der Wehrmacht nicht. Das Beste, das zur Verfügung stand, waren mechanische Kräne mit Flaschenzug. Bei der hier gezeigten 5 to Zugmaschine wurde ein Drehkran von Bilstein mit einer Traglast von 6 Tonnen auf die Ladefläche montiert, um ihn mobil einsetzen zu können. Dies ist ein seltenes Stück, denn selbst solche einfachen Kräne waren bei der Wehrmacht kaum anzutreffen. Sie wurden u.a. bei Bergungsmaßnahmen auf Flugplätzen eingesetzt.

8 to Halbketten-Zugmaschine Sd. Kfz. 7

Die Halbketten-Zugmaschinen der Wehrmacht wurden entsprechend des vorgesehenen Einsatzzwecks und ihrer späteren tatsächlichen Bedeutung in sehr unterschiedlichen Stückzahlen gebaut. Von den beiden leichten Typen entstanden insgesamt 25000 Zugmaschinen und die gleiche Anzahl an Fahrgestellen. Die 5 to und 12 to Typen waren mit Stückzahlen von ca. 3000 bzw. 4000 eher selten. Auf diese Typen hätte man auch verzichten können, was bei einer Zusammenlegung der beiden leichten Ausführungen die Typenvielfalt von 6 auf 3 reduziert hätte. Die schwerste Zugmaschine mit 18 to Anhängelast diente praktisch ausschließlich zum Abschleppen defekter mittlerer Panzer, insbesondere der Panzer III und IV. Zum Abschleppen der schweren Panzer »Panther« und »Tiger« war sie nicht mehr ausreichend. Hierfür wurden spezielle Bergepanzer benötigt. Mit einer Stückzahl von ca. 2500 war die 18 to Zugmaschine ebenfalls selten. Von größter Bedeutung und bis zum Kriegsende unverzichtbar war dagegen die in ungefähr 12000 Exemplaren gefertigte mittlere 8 to Zugmaschine. Sie war die vielseitigste und wichtigste Zugmaschine der Wehrmacht. Somit wäre es möglich gewesen, mit drei Typen von Zugmaschinen auszukommen: einer leichten Zugmaschine mit 2 - 3 Tonnen Zugkraft, einer mittleren Zugmaschine mit 8 Tonnen Zugkraft und einem schweren Typ zum Abschleppen der mittleren Panzer.

Als »Patenfirma« für die Entwicklung und den Bau der 8 to Zugmaschine war die Firma Krauss-Maffei ausgewählt worden. Bereits 1935 begann die Produktion der ersten Versionen in Kleinserien von wenigen hundert Stück. Die Massenfertigung der endgültigen Ausführung (Typ m 11) lief 1937 bei Kraus-Maffei an und wurde mit wenigen Änderungen bis zum Kriegsende fortgeführt. Die wichtigste Nachbaufirma war Borgward, wo in etwa genau so viele 8 to Zugmaschinen gebaut wurden wie bei Krauss-Maffei.

Gedacht war die mittlere Zugmaschine in erster Linie zum Schleppen von Feldartillerie-Geschützen wie der 10,5-cm- und der 15-cm-Feldhaubitze. Die größte Bedeutung erlangte sie jedoch als Zugfahrzeug für die 8,8-cm-Flak. Die durch den Motorzug deutlich verbesserte Beweglichkeit war entscheidend für den effizienten Einsatz dieses ja eigentlich für die Flugabwehr entwickelten Geschützes im Bodeneinsatz, und hier ganz besonders bei der Panzerabwehr. Neben dem Geschütz und der zugehörigen Munition konnte das Fahrzeug auf seinen 11 Sitzplätzen auch die gesamte Bedienmannschaft mitführen. Des weiteren diente die mittlere Zugmaschine als Selbstfahrlafette für kleine Flak-Geschütze wie der 2-cm-Vierlingsflak (siehe Bild auf der vorherigen Seite) oder der 3,7-cm-Flak. Aufgrund der hervorragenden Geländegängigkeit war sie außerdem äußerst nützlich beim Freischleppen von liegen gebliebenen LKW oder für spezielle Transportaufgaben in unwegsamem Gelände. Hierfür standen für die Zugmaschine die unterschiedlichsten Anhänger vom Munitionstransporter bis zum Tieflader zur Verfügung.

Technische Daten 8 to Zugmaschine (offizielle Bezeichnung: Mittlerer Zugkraftwagen 8 to Sd. Kfz. 7) Typ KM m 11
Besatzung: 2+9 Mann; Abmessungen: Länge 6,85 m, Breite 2,35 m, Höhe 2,62 m; Fahrzeuggewicht: 9750 kg; Zuläss. Gesamtgewicht: 11 550 kg; Anhängelast: 8000 kg; Antrieb: wassergekühlter Maybach 6-Zylinder-Benzinmotor mit 6,2 Litern Hubraum und 140 PS Leistung; Straßengeschwindigkeit: 50 km/h; Tankinhalt: 203 l; Verbrauch (100 km): 80 - 160 l; Fahrbereich: 120 - 250 km; Watfähigkeit: 0,65 m; Wendekreis: 16 m; Bauzeit: 1937 - 1945; Stückzahl: ca. 25 000

Die 8 to Zugmaschine war eines der wichtigsten Zugmittel der mittleren und schweren Feldartillerie (Bild rechts oben). Besonders bedeutend war sie für die Motorisierung der 8,8-cm-Flak (Bild rechts Mitte). Zahllose Bedienmannschaften kamen beim Einsatz ums Leben (Bild rechts unten).

Ein 8,8-cm-Geschütz mit einem Sonderanhänger für Zugmaschinen befindet sich im Museum (Bild oben). Am Anhänger waren Winden eingebaut, die ein verhältnismäßig schnelles Senken der Kanone in die Feuerstellung bzw. ihr Heben beim Stellungswechsel erlaubten. Während der Fahrt lag die Kanone verzurrt auf dem Anhänger. Notfalls war nach seitlichem Ausschwenken der Kreuzlafette auch ein Schuss vom Fahrgestell aus möglich. Die Sonderanhänger waren dieser Belastung aber nur bedingt gewachsen.

NSU Kettenkrad Sd. Kfz. 2

Die deutschen Rüstungsplaner waren so besessen von den Halbkettenfahrzeugen, dass sie 1939 sogar ein Motorrad mit Kettenantrieb in Auftrag gaben. Es sollte als Zugmaschine für die leichten Geschütze der Gebirgsjäger dienen sowie als kleines, geländegängiges Fahrzeug für die Verlegung von Telefonkabeln verwendet werden. Auf der Rückbank war Platz für zwei Mitfahrer.

Was man mit diesem Fahrzeug bezwecken wollte, ist heute nur noch schwer nachvollziehbar. Sitz, Lenker, Bedienelemente und Vorderrad waren wie bei einem Motorrad gestaltet. Lenken konnte man damit aber kaum. Bereits bei einem Lenkereinschlag von nur 5 Grad wurde automatisch eine Kettenbremse betätigt, die größere Richtungsänderungen überhaupt erst möglich machte. Das Vorderteil hätte man sich somit auch sparen können. Die Ketten waren außerordentlich schmal und begrenzten die Geländegängigkeit insbesondere auf den Schlammpisten Russlands. Berüchtigt war die durch das schmale Laufwerk verursachte Kippneigung. Durch die geringe Breite von nur einem Meter konnte das Kettenkrad zwar mit einer Ju-52 transportiert werden, dafür durfte man Steigungen nur senkrecht anfahren da das Kettenkrad sonst umfiel und den Fahrer, der von seinem Sitz nicht so einfach abspringen konnte, mit in die Tiefe riss. Dies war aber nicht das einzige Risiko, denn links und rechts vom Knie des Fahrers befanden sich völlig ungeschützt die Benzintanks, die beim geringsten Beschuss in Flammen aufgingen. Trotz dieser Nachteile war man aber insbesondere in Russland froh, dass es das Kettenkrad gab, denn jedes Fahrzeug, das im Schlamm wenigstens noch etwas vorankam, war hochwillkommen.

Im Museum Sinsheim sind mehrere Kettenkräder ausgestellt. Das Bild oben zeigt ein Exemplar mit einer Vorrichtung zur Verlegung von Telefonkabeln. In der Mitte ein Kettenkrad mit zwei schweren Doppel-MG. Hier ist auch der Anhänger vorhanden, der bei jedem Kettenkrad mitgeliefert wurde. Nach Kriegsende wurden viele der noch funktionsfähigen Fahrzeuge in der Land- und Forstwirtschaft verwendet (Bild unten).

Technische Daten NSU Kettenkrad Sd. Kfz. 2
Besatzung: 1+2 Mann; Abmessungen: Länge 3 m, Breite 1 m, Höhe 1,2 m; Fahrzeuggewicht: 1 280 kg; Nutzlast mit Besatzung: 325 kg; Antrieb: wassergekühlter Opel Olympia 4-Zylinder-Benzinmotor mit 1,5 Litern Hubraum und 36 PS Leistung; Straßengeschwindigkeit: 70 km/h; Tankinhalt: 42 l; Verbrauch (100 km): 16 - 22 l; Fahrbereich: 175 - 250 km; Watfähigkeit: 0,44 m; Wendekreis: 4,5 m; Bauzeit: 1940 - 1944; Stückzahl: 8 733

Raupenschlepper Ost

Die Halbketten-Zugmaschinen waren sicherlich das Beste, was die Wehrmacht an Zugfahrzeugen aufzubieten hatte. Die aufwändige Produktion, der hohe Wartungsaufwand und die mangelhafte Ersatzteilversorgung mit der sich hieraus ergebenden geringen Anzahl einsatzfähiger Fahrzeuge schmälerten den militärischen Wert jedoch erheblich. Bei den 1to- und 3to-Typen wurde außerdem ein großer Teil der Fahrgestelle für den Bau von Schützenpanzern benötigt. Was fehlte, war eine große Anzahl einfacher, robuster Schlepper insbesondere für die Artillerie, die auch im russischen Schlamm bestehen konnten. Die Wehrmachtsführung war sich dieser Problematik seit dem Herbst 1941 durchaus bewusst. Aber erst als das einsetzende Tauwetter im Frühjahr 1942 die Mängel der deutschen Fahrzeuge erneut schonungslos offenlegte und der Nachschub nahezu zusammenbrach ging man mit großer Eile daran, einen Raupenschlepper speziell für den Einsatz an der Ostfront zu entwickeln. Dabei bot sich ein Entwurf der Steyr-Daimler-Puch AG an, der den geforderten Eigenschaften im Wesentlichen entsprach. Der erste Prototyp des als »Raupenschlepper Ost« bzw. »RSO« bezeichneten Gerätes ging bereits im April 1942 in die Erprobung. Obwohl nur geringe Modifikationen erforderlich waren, dauerte es danach noch ein halbes Jahr, bis die Serienfertigung anlaufen konnte. Zum Beginn der Schlammperiode im Frühjahr 1943 waren schließlich knapp 3000 Fahrzeuge an die Truppe ausgeliefert.

Im Museum Sinsheim sind drei »RSO« ausgestellt. Die beiden auf dieser Seite gezeigten Exemplare entsprechen der Originalversion von Steyr, die in der Masse jedoch von Gräf & Stift, Wanderer und Klöckner-Deutz-Magirus gebaut wurden, da die Fertigungskapazitäten von Steyr nicht ausreichten. Magirus als wichtigste Nachbaufirma verwendete allerdings im Gegensatz zur Steyr-Version ein Führerhaus aus Holz. Der »RSO« auf der gegenüberliegenden Seite oben ist eine abgewandelte Version, die als Selbstfahrlafette für die 7,5-cm-Pak gedacht war.

Auffällig ist die einfache, fast schon primitive Bauweise. Dies war beabsichtigt, denn beim »RSO« ging es nicht um die Verwirklichung technischer Kabinettstückchen wie bei den Halbketten-Zugmaschinen, sondern um den Bau eines einfachen, geländegängigen leichten Schleppers. Immerhin, und dies zeigt auch, dass man dazugelernt hatte, verfügte der »RSO« über eine brauchbare Heizung. Angetrieben wurde das Fahrzeug von einem luftgekühlten Steyr-V8-Benzinmotor mit 70PS. Dieser Motor war eigentlich für einen schweren Militär-PKW gedacht und musste im »RSO« bei einer viel zu hohen Drehzahl laufen, was einen absurd hohen

Benzinverbrauch von bis zu 60 Litern / 100 km auf der Straße und 120 Litern / 100 km im Gelände zur Folge hatte, und das bei einer Höchstgeschwindigkeit von nur 17 km/h. Nur wenige Hundert der letzten von Magirus gebauten Exemplare erhielten einen wesentlich geeigneteren Deutz-Dieselmotor. Die zulässige Nutzlast lag bei 1700 kg und die zulässige Anhängelast bei 3000 kg. Dies war nicht besonders viel, entsprach aber den Vorgaben. Der »RSO« war in erster Linie als Zugmaschine für die leichte Artillerie und die Panzerabwehrverbände gedacht und sollte folgende Waffen ziehen: 12-cm-Granatwerfer, 7,5-cm-Pak, 10,5 cm leichte Feldhaubitze und 15 cm schweres Infanteriegeschütz. Dazu war er im Prinzip in der Lage, aufgrund der ruckartigen Lenkbewegungen kam es aber häufig zur Dejustierung der Geschütze. Der Schlepper wurde daher bevorzugt als geländegängiges Transportfahrzeug genutzt, das auch dann noch Nachschub transportieren konnte, wenn sich sonst kein Rad mehr drehte. In dieser Funktion hat es sich sehr gut bewährt.

Insgesamt wurden vom »RSO« von Ende 1942 bis zum Frühjahr 1945 ca. 25000 Exemplare gebaut. Dies war unter Kriegsbedingungen eine beachtliche Anzahl und zeigt, dass es sich tatsächlich um ein zur preiswerten Massenfertigung geeignetes Fahrzeug handelte. Letzte Produktionsfirma war Magirus. Aus Restbeständen der »RSO«-Fertigung baute man dort nach Kriegsende einen Waldschlepper in Halbketten-Bauweise mit einem um ein Rad verkürzten Kettenlaufwerk und einer lenkbaren, bereiften Vorderachse. Ein solches Fahrzeug befindet sich ebenfalls im Museum Sinsheim (siehe Bild unten).

Linke Seite: Raupenschlepper Ost in der Originalversion von Steyr. Bilder oben: Der Raupenschlepper mit leicht gepanzerter Front als Selbstfahrlafette für die 7,5-cm-Pak. Bild rechts unten: Aus Restbeständen der »RSO«-Fertigung baute Magirus nach Kriegsende Waldschlepper.

Horch mittlerer Einheits-PKW Kfz. 15

Bei den Planungen zur Neuausrüstung der Wehrmacht nach 1933 entschied man sich auch zur Neukonstruktion spezieller Militär-PKW. Zwischen den Kriegen hatte die Reichswehr mehr oder weniger willkürlich die unterschiedlichsten Fahrzeuge beschafft. Bei der Wehrmacht sollten jetzt die »Einheits-PKW« der Typenvielfalt ein Ende bereiten. Leider blieb auch dieser Versuch zur Vereinheitlichung der deutschen Militärfahrzeuge weitgehend erfolglos. Die Gründe hierfür waren vielfältig. Entscheidend war letztlich, dass die Versuche, die deutschen Rüstungsfirmen auf eine einheitliche Linie zu bringen, niemals wirklich konsequent betrieben wurden. In seinem politischen Umfeld war Hitler stets bemüht, keine Interessengruppe zu mächtig werden zu lassen. Dies hatte den Vorteil, dass alle Interessengruppen von ihm abhängig blieben und ständig um seine Gunst kämpfen mussten, um ihre Position zu sichern. Genauso verhielt er sich letztlich auch gegenüber den Vertretern der Rüstungsindustrie. So nachteilig sich diese Verhaltensweise auch auf die Standardisierungsbemühungen auswirkte, sie hatte auch ihre nützlichen Seiten. Etliche der unter der direkten Weisung der Wehrmacht entwickelten Fahrzeuge erwiesen sich im Nachhinein als wenig gelungen und in diesen Fällen war man froh, wenn man auf eine parallel erfolgte Eigenentwicklung der Fahrzeugindustrie zurückgreifen konnte. Des weiteren wäre es bei dem rasanten Tempo der Aufrüstung auch kaum möglich gewesen die gewünschte Menge an Fahrzeugen zu erhalten, wenn man den Firmen nicht gestattet hätte, das zu bauen, was sie bauen konnten und auch bauen wollten.

technik-museum.de/video/horch15

Im Falle der Wehrmachts-PKW beabsichtigte man im Rahmen des Standardisierungsprogramms die Vielfalt auf einen leichten, einen mittleren und einen schweren »Einheits-PKW« zu beschränken, die alle nach Plänen des Heereswaffenamtes entwickelt und gebaut werden sollten. Zwei dieser Fahrzeuge können im Museum Sinsheim besichtigt werden, nämlich ein mittlerer Einheits-PKW (offizielle Bezeichnung Kfz. 15) und ein schwerer Einheits-PKW (offizielle Bezeichnung Kfz. 18), beide von Horch.

Obwohl mehrere Jahre für die Entwicklung und Erprobung der Einheits-PKW aufgewendet wurden, war das Ergebnis dieses Beschaffungsprogramms enttäuschend. Alle drei Fahrzeugtypen gerieten zu schwer und zu kompliziert und fielen oft schon nach kurzer Zeit aufgrund von Defekten aus. Ursächlich hierfür waren nicht nur technische Kinderkrankheiten die man hätte beseitigen können, sondern fundamentale Konstruk-

Horch schwerer Einheits-PKW Kfz. 18

Bild links: Schwerer Einheits-PKW von Horch. Dieser Typ war u.a. als Gruppenfahrzeug für motorisierte Schützenverbände bzw. Panzergrenadiere gedacht. Das Kfz. 18 sollte bis zu 10 Soldaten einschließlich Ausrüstung transportieren und zusätzlich noch ein leichtes Geschütz ziehen. Dieser hohen Belastung war das Fahrzeug nicht gewachsen. Bereits 1940 wurde die Produktion weitgehend eingestellt. Seine Aufgaben übernahmen die leichten 1,5 to-LKW mit Kastenaufbau von Mercedes-Benz, Phänomen und Steyr.

tionsfehler, die Rahmen- und Achsenbrüche zur Folge hatten. Besonders anfällig waren der leichte und der schwere PKW, die man mit einer Allradlenkung versehen hatte. Das Prinzip ist beim oben gezeigten schweren PKW gut zu sehen. Beim Einschlag des Lenkrads wird nicht nur die Vorderachse, sondern auch die Hinterachse gelenkt. Anstatt einfache Fahrzeuge für den militärischen Alltag zu bauen, hatte man sich erneut in technischen Extravaganzen verloren. Die Allradlenkung erwies sich im Gelände als nutzlos, führte bei höheren Geschwindigkeiten häufig zu einem nicht beherrschbaren Fahrverhalten und war die Ursache für ständige Defekte. Ab 1940 wurden daher keine Einheits-PKW mehr mit Allradlenkung gebaut. Der mittlere Einheits-PKW, bei dem man von Beginn an auf die Allradlenkung verzichtet hatte, blieb zumindest von dieser Fehlerquelle verschont.

Der mittlere Einheits-PKW war der einzige der drei Typen, der sich recht gut bewährte. Bis 1943 wurden ca. 35 000 Stück gebaut. Beim leichten PKW betrug die Stückzahl ca. 13 000, davon 8 000 mit Allradlenkung, und beim schweren PKW ca. 10 000, die meisten mit Allradlenkung.

Alle Einheits-PKW wurden in zahlreichen unterschiedlichen Varianten von mehreren Herstellern gebaut. Die beiden im Museum gezeigten Exemplare entstanden bei Horch. Angetrieben wurden sie vom gleichen wassergekühlten Horch 3,5-Liter-V8-Benzinmotor mit 80 PS Leistung. Der mittlere PKW wog ca. 2 700 kg, hatte eine Nutzlast von 600 kg, erreichte auf der Straße eine Höchstgeschwindigkeit von 90 km/h und verbrauchte auf 100 km, je nach Geländebedingungen, 26-36 Liter Benzin. Der schwere PKW wog ca. 3 300 kg, hatte eine Nutzlast von 1 000 kg, erreichte maximal 80 km/h und verbrauchte ca. 32-42 Liter. Diese Werte sind aber nur Anhaltswerte, da der reale Treibstoffverbrauch je nach Ausführung, Geländebeschaffenheit und Fahrweise erheblich variierte.

technik-museum.de/video/horch18

01 DC 09
1,5 atü

Als der unter der Weisung des Heereswaffenamtes gebaute leichte Einheits-PKW ab 1937 in größerer Zahl zum Truppeneinsatz kam, zeigte sich schnell, dass dieses Fahrzeug die Erwartungen nicht erfüllen würde. Der Wagen war zu teuer, zu schwer und litt unter zahlreichen Konstruktionsmängeln. Insbesondere die komplizierte Allrad-Lenkung erwies sich als unzweckmäßig und störanfällig. Nur wenige Monate vor Kriegsausbruch erhielt daher Ferdinand Porsche den Auftrag, einen neuen leichten Geländewagen für die Wehrmacht zu entwickeln. Da die Zeit knapp war, entschied er sich, die wesentlichen Konstruktionsmerkmale der bereits bewährten VW-Limousine zu übernehmen. Das Fahrwerk wurde lediglich verstärkt und mit mehr Bodenfreiheit versehen. Darauf setzte Porsche eine leichte Karosserie, die dem militärischen Einsatzzweck entsprach. Der luftgekühlte Boxermotor wurde ebenfalls mit nur wenigen Änderungen übernommen.

Was zunächst aussah wie eine aus der Not heraus geborene Improvisation, erwies sich schnell als großer Wurf. Obwohl der VW Kübelwagen keinen Allradantrieb und nur einen schwachen Motor besaß, konnte er aufgrund seines geringen Gewichtes auch in schwierigem Gelände überzeugen. Besonders vorteilhaft war die Luftkühlung des Motors, die sowohl in der Hitze Afrikas als auch unter den arktischen Bedingungen Russlands funktionierte. Gerade seine Einfachheit machte den VW Kübelwagen so zuverlässig.

Die Bezeichnung »Kübelwagen« geht übrigens nicht auf die Karosserieform sondern auf die schalenförmigen Sitze der Militär-PKW zurück. Viele der frühen Militär-PKW hatten seitlich keine Türen sondern waren völlig offen. Damit die Insassen bei Kurvenfahrten nicht aus dem Wagen geschleudert wurden, waren die Sitze schalenförmig gestaltet. Die Soldaten saßen »wie in einem Kübel« und daher der Name für diese Art von Fahrzeug. Kübelwagen gab es also schon lange, bevor VW ein solches Fahrzeug baute. Dass der leichte Militär-PKW von VW für viele heute gleichbedeutend ist mit dem Begriff des Kübelwagens, zeigt, welche Bedeutung dieses Fahrzeug hatte.

Als Spezialvariante entstand ab 1941 ein schwimmfähiger Kübelwagen mit Allradantrieb (Bild rechts oben). Aufgrund seines geringen Tiefgangs, der nur bei ruhigem Gewässer eine gefahrlose Wasserfahrt erlaubte, wurde dieses Fahrzeug jedoch praktisch ausschließlich auf der Straße verwendet. Der Vierradantrieb, die große Bodenfreiheit und der glatte Unterboden verhalfen ihm dabei zu einer enormen Geländegängigkeit.

Technische Daten

VW Kübelwagen Typ 82 mit Hinterradantrieb

Sitzplätze: 4; Abmessungen: Länge 3,74 m, Breite 1,60 m, Höhe 1,65 m; Fahrzeuggewicht: 725 kg; Zuläss. Gesamtgewicht: 1175 kg; Antrieb: luftgekühlter VW 4-Zylinder-Boxermotor, bis März 1943 mit 1 l Hubraum und 23,5 PS, danach 1,1 l Hubraum und 25 PS; Straßengeschwindigkeit: 80 km/h; Tankinhalt: 40 l; Verbrauch (100 km): 9 l; Fahrbereich: 440 km; Stückzahl: ca. 50000 (alle Versionen von 1940 - 1945)

VW Schwimmwagen Typ 166 mit Allradantrieb

Sitzplätze: 4; Abmessungen: Länge 3,82 m, Breite 1,48 m, Höhe 1,61 m; Fahrzeuggewicht: 910 kg; Zuläss. Gesamtgewicht: 1345 kg; Antrieb: luftgekühlter VW 4-Zylinder-Boxermotor mit 1,1 l Hubraum und 25 PS; Straßengeschwindigkeit: 80 km/h; Tankinhalt: 50 l; Verbrauch (100 km): 9,5 l; Fahrbereich: 520 km; Stückzahl: ca. 14000

VW Militär-Limousine Typ 82 E und leichter Mercedes-Benz Geländewagen G5

Die oben gezeigte VW Limousine für den Militäreinsatz vom Typ 82 E ist ein äußerst seltenes Stück, denn von diesem Fahrzeug wurden zwischen 1943 und 1945 nur 667 Exemplare gebaut. Die Limousine besaß das hohe Fahrgestell des Kübelwagens und die geschlossene Karosserie der zivilen Limousine. Als Antrieb diente der 1,1-Liter-Boxermotor. Parallel wurden noch 564 Militär-Limousinen mit Allrad-Antrieb gebaut (Typ 87). Wie der Kübelwagen dienten diese Wagen als Stabs-, Kurier-, Verbindungs- und Funkfahrzeug bei Heer und Luftwaffe bis Kriegsende. Danach wurde der Typ 82 unter britischer Aufsicht noch eine Zeit lang weitergebaut und gegen Bezugsschein für zivile Zwecke verkauft.

Ebenfalls sehr selten ist der rechts gezeigte leichte Geländewagen Typ G5 von Mercedes-Benz, von dem zwischen 1937 und 1941 nur 378 Stück hergestellt wurden. Er ist im Museum Speyer ausgestellt. Mercedes-Benz hat zahlreiche Geländewagen für die Wehrmacht gebaut. Der am meisten verbreitete Typ war der 170 VK, von dem 19 000 Exemplare produziert wurden. Der G5 entsprach in Bezug auf Konzeption und Größe weitgehend dem leichten Einheits-PKW. Wie dieser war er mit Allrad-Lenkung und Allrad-Antrieb ausgestattet. Der 2-Liter-Motor leistete 45 PS. Ob sich der G5 besser bewährt hätte als der Einheits-PKW bleibt offen, da die Wehrmacht nur ganz wenige Exemplare des G5 übernahm. Die meisten gingen in den Export, einige wenige wurden von der Polizei oder von hohen Parteimitgliedern, z. B. als Jagdwagen, genutzt.

Schwerer Mercedes-Benz Geländewagen G4

Der Mercedes-Benz G4 war ursprünglich als Militärfahrzeug für die Generalstäbe gedacht. Der Großteil der Fahrzeuge wurde jedoch von den Führern des Dritten Reiches für Repräsentationszwecke verwendet. Berühmt wurde der G4, da sich Hitler u. a. beim Einmarsch in das Sudetenland in einem solchen Wagen chauffieren ließ. Die Bilder und Filmaufnahmen, die bei dieser Gelegenheit entstanden, wurden von der nationalsozialistischen Propaganda millionenfach verbreitet und sind auch heute noch in Dokumentationen über das Dritte Reich regelmäßig zu sehen.

Der mächtige, dreiachsige Wagen bei dem nur die beiden Hinterachsen angetrieben werden, wiegt annähernd drei Tonnen. Als Antrieb wurden drei unterschiedliche 8-Zylinder-Motoren mit einem Hubraum von ca. 5 Litern und einer Leistung zwischen 100 und 115 PS verwendet. Die Höchstgeschwindigkeit lag aufgrund des hohen Gewichts bei nur 67 km/h.

Der G4 ist ebenfalls extrem selten. Zwischen 1934 und 1939 wurden nur 72 Stück gebaut, von denen nur noch ganz wenige existieren.

Tempo G 1200

Dieser leichte Militär-PKW von Tempo ist so kurios wie selten. Das ab 1936 gebaute Fahrzeug hatte nicht nur Allrad-Antrieb und Allrad-Lenkung, sondern auch an jeder Achse einen separaten Motor von ILO mit jeweils 596 ccm Hubraum und 19 PS Leistung. Für die Fahrt auf der Straße ließ sich ein Motor abschalten, im Gelände lieferten dann beide Motoren gemeinsam die erforderliche Antriebsleistung. Das Fahrzeug verfügt über einen Zentralrohrrahmen, an dem die beiden Achsen frei pendelbar befestigt sind.

Bei der Erprobung durch die Deutsche Wehrmacht hat sich dieses innovative Fahrwerkskonzept allerdings nicht bewährt. Da das Militär von einer Beschaffung absah, wurden nur geringe Stückzahlen, vorwiegend für den Export, u.a. nach Rumänien, gebaut. Es wird geschätzt, dass bis 1943 rund 1300 Fahrzeuge fertiggestellt wurden. Einige davon kamen über Umwege dann doch noch beim deutschen Militär zum Einsatz. Zum Teil handelte es sich dabei um eingezogene Privatfahrzeuge, zum Teil waren es Muster, die die Wehrmacht für Testzwecke erhalten hatte. Das im Museum gezeigte Exemplar wurde aus einem Fundus von Originalteilen in sorgfältiger Kleinarbeit aufgebaut und ist voll fahrbereit.

Das Dilemma, in das die Wehrmacht mit ihrer PKW-Ausstattung geraten sollte, bahnte sich schon frühzeitig an. Das Bild links oben entstand während des Polenfeldzugs. Es zeigt einen Kübelwagen mit Hinterradantrieb, vermutlich einen Horch 830, der bereits in leichtem Gelände nicht mehr weiter kommt. In diesem Bild ist übrigens die offene Bauweise mit den schalenförmigen Kübelsitzen, die dieser Fahrzeuggattung ihren Namen gab, gut zu erkennen. Das Bild darunter zeigt eine frühe Ausführung des mittleren Einheits-PKW. Beiderseits waren Ersatzräder drehbar auf einer zusätzlichen Stützachse angebracht, die ein Aufsetzen des Fahrzeugs verhindern sollten. Hier hat dies nicht funktioniert.

Der VW Kübelwagen brachte zwar eine wesentliche Verbesserung, während der Schlammperioden in Russland stieß jedoch auch dieses Fahrzeug schnell an seine Grenzen (Bild rechts oben). Das Bild darunter zeigt einen VW Schwimmwagen ausnahmsweise einmal nicht auf der Straße sondern tatsächlich im Wasser. Der Wagen lag derart knapp oberhalb der Wasseroberfläche, dass nur absolut ruhige Gewässer halbwegs sicher durchfahren werden konnten.

GMC 2,5 to LKW Modell CCKW 353

Unter Militärhistorikern ist heute unumstritten, dass der Zweite Weltkrieg von den Rüstungsfabriken und den Landwirtschaftsbetrieben Amerikas entschieden wurde. So wie der Krieg nach 1941 geführt wurde, nämlich als Abnutzungskrieg, bei dem insbesondere Russland unglaubliche eigene Verluste in Kauf nahm, nur um die Wehrmacht systematisch zu schwächen, musste die Seite gewinnen, die mehr Material einsetzen konnte. Und das meiste Material kam aus Amerika oder basierte auf amerikanischer Technologie. Für England waren die amerikanischen Hilfslieferungen während des gesamten Krieges überlebenswichtig. Für Russland galt dies nicht in diesem Maße, aber die amerikanischen Lieferungen haben zumindest wesentlich dazu beigetragen, dass Russland 1941 und 1942 einen Zusammenbruch verhindern und die Rüstungsproduktion in sichere Gebiete jenseits des Urals verlegen konnte. Außerdem darf nicht übersehen werden, dass fast die gesamte Fahrzeugindustrie Russlands in den 1930er Jahren mit Hilfe Amerikas aufgebaut wurde. Anhand des hier gezeigten leichten Militär-LKW GMC 353 soll beispielhaft beschrieben werden, wie die amerikanische Philosophie der Kriegsproduktion funktioniert hat.

Zum Zeitpunkt des Kriegsausbruchs im Jahr 1939 besaß die amerikanische Armee praktisch keine zeitgemäßen Fahrzeuge, Panzer oder Flugzeuge. Dies war keineswegs ein Zeichen von Naivität. Die Armeeführung war sich vielmehr der ungeheuren Leistungsstärke der amerikanischen Industrie bewusst. Niemand konnte absehen, ob und wann Amerika in einen Krieg hineingezogen würde und daher machte es keinen Sinn, in einem großen Umfang auf Vorrat Kriegsgeräte herzustellen. Es erschien wesentlich vernünftiger, die Entwicklungen abzuwarten, und dann genau das in Massen herzustellen, was tatsächlich benötigt wurde. Alle wichtigen amerikanischen Rüstungsprogramme begannen daher erst 1940 oder sogar noch später. Beim GMC 353, dem späteren Standard-LKW der US-Armee, ging man genau nach diesem Muster vor.

Als die Wahrscheinlichkeit eines Kriegs mit amerikanischer Beteiligung 1939 konkret wurde, schrieb das amerikanische Beschaffungsamt einen Wettbewerb für den Bau eines vielseitig einsetzbaren Armee-LKW aus. Die Nutzlast sollte 2,5 Tonnen betragen, da ein solches Fahrzeug nach Ansicht der Planer nicht nur in Bezug auf das Verhältnis von Produktionskosten und Nutzwert am geeignetsten erschien, sondern auch die besten Voraussetzungen für eine Massenproduktion bot. Man vergleiche dieses Vorgehen mit der chaotischen deutschen Rüstungsplanung, wo erst nach bitteren Erfahrungen erkannt wurde, dass man sich besser auf den Opel »Blitz« beschränkt hätte, als alle möglichen Typen zu bauen, die entweder versagten oder nicht effizient hergestellt werden konnten.

Die ersten Muster für den neuen LKW wurden 1940 ausgeliefert und fast ein Jahr lang erprobt und verbessert. Die Wahl fiel früh auf das von der General Motors Corporation (GMC) entwickelte Fahrzeug. Aber man ließ sich Zeit um den Wagen systematisch für den Militäreinsatz zu optimieren und insbesondere auch die Vorbereitungen für die Großserienfertigung zu treffen. Noch immer war nicht klar, ob Amerika tatsächlich in den Krieg ziehen würde. Entsprechend niedrig war zunächst die Produktion. Bis Ende 1940 wurden von den ersten Serien nur ca. 8000 Stück gebaut. Die Weichen aber waren gestellt und als der Kriegsfall dann eintrat, lief die Produktion binnen kürzester Zeit mit einer atemberaubenden Geschwindigkeit. 1941 verließen über 50000 Fahrzeuge die Fließbänder, von 1942 bis 1944 betrug die Jahresproduktion ca. 120000 Stück und 1945 nochmals 92000 Stück. Insgesamt wurden in nur 4 Jahren annähernd 530000 GMC CCKW gebaut. Und dies war nur ein Teil der amerikanischen Fahrzeugproduktion. Rund 2,6 Millionen LKW und 660000 PKW, fast ausschließlich Willys Jeeps, lieferte die amerikanische Fahrzeugindustrie von 1941 bis 1945 an die US-Armee und ihre Verbündeten. Rund 430000 davon gingen als Militärhilfe nach Russland.

Das Hauptmodell des GMC-LKW war der Typ CCKW 352/353, der von 1941 bis zum Kriegsende gebaut wurde. Dabei bedeutet: erstes C=Modell 1941, zweites C=Typ der Fahrzeugkabine, K=zuschaltbarer Vorderradantrieb, W=zwei angetriebene Hinterachsen. Vom Fahrwerk gab es im Wesentlichen zwei Ausführungen, den Typ 352 mit kurzem (145 Zoll) und den Typ 353 mit langem (164 Zoll) Radstand. Die Aufbauten konnten je nach Einsatzzweck variabel gestaltet werden, wodurch das Fahrzeug für alle möglichen Aufgaben vom einfachen Transporter bis zum Tanklastwagen geeignet war. Als Antrieb diente ein 6-Zylinder-Benzinmotor mit ca. 90 PS Leistung. Bei den frühen Modellen war das Führerhaus aus Metall und geschlossen, später wurde aus Gründen der Produktionsvereinfachung eine offene Kabine mit Stoffdach verwendet. Auffällig ist die massive Stoßstange, mit der sich die Fahrzeuge gegenseitig anschieben konnten. Man vergleiche diese mit der Stoßstange des Opel »Blitz«, die nahezu nutzlos war.

Die einheitliche Bezeichnung CCKW soll nicht darüber hinwegtäuschen, dass es auch bei diesem Fahrzeug eine nicht unerhebliche Zahl von Varianten gab. Insbesondere wurden während der gesamten Produktionszeit parallel zwei Modelle mit unterschiedlichen Achsen hergestellt. Des weiteren wurden immer wieder Verbesserungen vorgenommen, wobei die neuen Teile aber, wo immer möglich, mit den alten austauschbar waren. Damit verminderte man nicht nur die Probleme bei der Ersatzteilversorgung, die so typisch für die deutschen Fahrzeuge waren, sondern ermöglichte sogar eine Aufrüstung der älteren Fahrzeuge.

GAZ Geländewagen und Schwimmwagen

Die beiden hier gezeigten Fahrzeuge wurden von GAZ (»Gorki'y Automobil Zavod« = »Gorki Automobil Fabrik«) in Russland gebaut und entsprachen in ihrem Einsatzzweck dem VW Kübelwagen bzw. dem VW Schwimmwagen. Wie die meisten anderen russischen Fahrzeugfirmen wurde auch GAZ im Rahmen einer Kooperation mit einer amerikanischen Firma gegründet. Bei GAZ war Ford der amerikanische Partner. Die russischen Betriebe erhielten auf diese Weise nicht nur wertvolle technische Kenntnisse, sondern lernten auch das Prinzip der amerikanischen Massenfertigung kennen, das sie in den Kriegsjahren genauso erfolgreich angewendet haben wie die amerikanischen Firmen.

Der Wagen oben ist ein GAZ Jeep Typ 67 B von 1943. GAZ hatte bereits 1938 mit dem GAZ 61 den ersten russischen Geländewagen gebaut. Bis zum deutschen Einmarsch 1941 war die Produktion jedoch gering. Zunächst glich Russland den Fahrzeugmangel durch Lieferungen aus England und Amerika aus. Gleichzeitig ging man aber auch daran, im großen Maßstab eigene Fahrzeuge zu bauen. Angeregt vom Willys Jeep wurde bei GAZ der Typ 61 über mehrere Zwischenstufen zum Typ 67 weiterentwickelt und ab 1943 in Massen produziert. Angetrieben wurde das 1320 kg schwere Fahrzeug mit Vierradantrieb von einem 3,8-Liter-Benzinmotor mit 54 PS. Das Fahrzeug bewährte sich so ausgezeichnet, dass es bis 1953 in der Produktion blieb. Insgesamt wurden rund 93 000 Stück gebaut.

Der ab 1940 an das russische Militär gelieferte fünfsitzige GAZ Schwimmwagen Typ 46 (unteres Bild) war speziell für amphibische Operationen ausgelegt. Er verfügte über einen Vierradantrieb für Überlandfahrten und einen eingebauten Schraubenantrieb, mit dem ruhige Gewässer ohne Vorbereitung des Fahrzeugs durchfahren werden konnten. Im Wasser erreichte er eine Geschwindigkeit von ca. 8 km/h, zu Lande ca. 85 km/h.

Willys Jeep

Wie bei fast allen amerikanischen Militärfahrzeugen begann auch die Geschichte des legendären Willys Jeep erst nach Kriegsausbruch, nämlich im Mai 1940, als die US-Armee einen Wettbewerb zum Bau eines leichten Personen-Geländewagens ausschrieb. Innerhalb von 75 Tagen sollten die teilnehmenden Firmen 70 Testfahrzeuge an das Militär liefern, wobei folgende Anforderungen erfüllt werden mussten: maximales Fahrzeuggewicht 590 kg, maximale Zuladung 270 kg, rechteckige Karosserie mit umklappbarer Windschutzscheibe und drei Sitzplätzen, Vorrichtung zur Montage eines 30-mm-Maschinengewehrs, hydraulische Bremsen, Anhängerkupplung, Allradantrieb, leistungsstarker Motor mit mindestens vier Zylindern, Höchstgeschwindigkeit auf ebener Fläche mindestens 50 Meilen (ca. 80 km) pro Stunde, Überwindung von Steigungen bis zu 40 Grad und, ganz wichtig, möglichst niedriger Preis. Drei Firmen, nämlich Bantam, Ford und Willys Overland gelang es, die geforderten Muster abzuliefern. Nach ausgiebigen Tests und zahlreichen Verbesserungen, die ein deutlich höheres Leergewicht zur Folge hatten, entschied sich das Militär schließlich für das Modell von Willys Overland. Ab 1941 wurde es sowohl bei Willys als auch bei Ford in Großserie produziert, da Ford ausgehandelt hatte, auch bei einer Ablehnung des eigenen Entwurfs an der Produktion beteiligt zu werden. Der Name »Jeep« leitet sich vermutlich vom englischen Kürzel »GP« (ausgesprochen »Tschi Pi«) für »General Purpose Vehicle« ab. Er wurde von Willys erst in den 1950er Jahren als Markenbezeichnung geschützt.

Der Willys Jeep war ein hervorragendes Fahrzeug, das unter den unterschiedlichsten klimatischen Bedingungen und in jedem Gelände überzeugte. Bis 1945 wurden ca. 630000 Stück gebaut. Damit überstieg die Produktion des Willys Jeep die des VW Kübelwagen um das Zehnfache. Beim US-Militär waren die Nachfolgeversionen bis 1960 im Einsatz. Nach dem Krieg erschienen außerdem zahlreiche zivile Versionen.

Technische Daten Willys Jeep

Trotz der Großserienfertigung wurde auch der Willys Jeep von Zeit zu Zeit verbessert, so dass je nach Ausführung Abweichungen von den unten aufgeführten Daten möglich sind.

Sitzplätze: 2 - 4; Abmessungen: Länge 3,36 m, Breite 1,75 m; Fahrzeuggewicht: 1054 kg; Zuladung: 363 kg; Antrieb: wassergekühlter 4-Zylinder-Benzinmotor mit 2,2 Litern Hubraum und 60 PS Leistung; zuschaltbarer Allradantrieb; Steigfähigkeit: ca. 60 %; Straßengeschwindigkeit: 100 km/h; Tankinhalt: 57 l; Verbrauch (100 km): 12 - 20 l; Stückzahl: ca. 630000

Dodge WC-62 Transporter und Dodge WC-56 Kommandowagen

Während des Zweiten Weltkriegs baute die amerikanische Firma Dodge mehrere hunderttausend überwiegend leichte Last- und Personenkraftwagen für die US-Armee, darunter ca. 300000 Exemplare der WC-Serie. »WC« steht für »Weapon Carrier«, was »Waffenträger« bedeutet. Diese Bezeichnung ist etwas irreführend, da die meisten Fahrzeuge nur für Transportzwecke genutzt wurden. Viele blieben bis zum Koreakrieg im Einsatz und wurden erst in den späten 1950er Jahren ersetzt. Die WC-Fahrzeuge entstanden nach einem Baukastenprinzip, so dass bei jedem neuen Modell viele Teile der Vorgängerversion unverändert übernommen werden konnten. Alle Fahrzeuge waren von Beginn an mit Allradantrieb, einem starken, wassergekühlten Benzinmotor und einem stabilen, geländegängigen Fahrwerk ausgerüstet. Sie konnten mit unterschiedlichen Aufbauten versehen werden und verfügten wahlweise über eine Seilwinde. Auffällig sind auch bei diesen Fahrzeugen die massiven, auf einer einheitlichen Höhe angebrachten Stoßstangen.

Den Anfang der WC-Serie machte 1941 der zweiachsige WC-51/52 (mit/ohne Winde) mit 0,75 Tonnen Nutzlast, der überwiegend als Mannschaftswagen Verwendung fand. Als Spezialversion dieses Typs baute Dodge ab 1942 den rechts unten gezeigten Kommandowagen, der für den Transport hochrangiger Offiziere und für Aufklärungszwecke gedacht war. Er wog 2400 kg und hatte einen 90 PS 3,8-l-6-Zylindermotor. Aufgrund seiner auffälligen Größe und seiner Funktion als Offiziersfahrzeug wurde der Wagen jedoch schnell zum bevorzugten Angriffsziel. Die Kommandeure benutzten daher lieber einen normalen Jeep und die Produktion des Kommandowagens wurde bereits 1944 eingestellt.

Als die US-Armee 1942 die Größe einer Kampfgruppe von 8 auf 12 Mann erweiterte, wurde auch ein größerer Mannschaftstransporter benötigt, da die US-Armee im Zweiten Weltkrieg, im Gegensatz zur Wehrmacht, voll motorisiert war. Anstatt einen neuen Wagen zu entwickeln, fügte Dodge dem WC-51 einfach eine weitere angetriebene Achse hinzu und verlängerte die Ladefläche. So entstand der WC-62 mit einem Gewicht von 3300 kg und einer Nutzlast von 1,5 Tonnen (Bild links oben).

Diese Beispiele zeigen erneut, wie rationell die US-Armee beim Bau ihrer Fahrzeuge vorging und welche Produktionszahlen dadurch erreicht werden konnten. Alle drei Modelle, der WC-51/52, der WC-56 und der WC-61/62 waren mit Ausnahme der Länge, der Anzahl der Achsen und der Art des Aufbaus weitgehend identisch und technisch auf der Höhe der Zeit. Für einen Vergleich mit den Fahrzeugen der Wehrmacht bieten sich die mittleren PKW (z.B. der Horch Einheits-PKW) und die 1,5 to LKW (z.B. der Mercedes-Benz 1500) an.

Vollkettentransporter M 29 »Weasel«

Vom M29 »Weasel« wurden von der Firma Studebaker in den USA von 1942 bis 1945 ca. 15000 Stück gebaut. Im Prinzip waren alle Fahrzeuge dieses Typs schwimmfähig. Da sie aber im Wasser sehr langsam und schlecht zu lenken waren, baute Studebaker zusätzlich eine verbesserte Version speziell für den amphibischen Einsatz (Typ M29C).

Der M29 wurde als Spezialfahrzeug für einen Einsatz im von Deutschland besetzten Norwegen konstruiert, da dort schweres Wasser produziert wurde, das zum Bau einer Atombombe genutzt werden konnte. Besondere Anforderungen waren daher ein geringes Gewicht, um den Lufttransport zu ermöglichen, und besonders breite Ketten für eine gute Beweglichkeit in verschneitem Gelände. Die Kommandoaktion wurde aber hinfällig, da es gelang, die Produktionsstätten durch Bombenangriffe weitgehend zu zerstören. Der Zug, der die Restbestände von schwerem Wasser nach Deutschland bringen sollte, wurde von norwegischen Widerstandskämpfern bei der Überfahrt über den Tinnsjø See auf einer Eisenbahnfähre am 20. Februar 1944 mitsamt der Fähre versenkt.

Der M29 wurde ab Ende 1943 als Personen-, Sanitäts-, Nachschub- und Sonderfahrzeug in Europa und im Pazifikraum eingesetzt. Eis, Schnee und extremes Gelände wurden von ihm bestens bewältigt. Bei einem Eigengewicht von 2700 kg kann der M29 eine Nutzlast von 540 kg transportieren und erreicht, angetrieben von einem 6-Zylinder-Benzinmotor mit 65PS, auf ebenem Gelände eine Geschwindigkeit von ca. 58 km/h. Das Bild links unten zeigt das Museumsexemplar bei einer Probefahrt auf dem Museumsgelände.

Motorräder

Als man nach 1933 begann, die Wehrmacht in größerem Umfang mit neuen Motorfahrzeugen auszustatten, spielte auch das Motorrad, auch als Kraftrad oder Krad bezeichnet, eine bedeutende Rolle. In erster Linie sah man im Motorrad eine verhältnismäßig preiswerte Möglichkeit, eine größere Anzahl von Einheiten beweglicher zu machen, als dies zu Fuß oder zu Pferde möglich war. Dies war auch dringend nötig denn als ein zentraler Punkt der neuen Militärtaktik setzte sich mehr und mehr die Auffassung durch, dass in Zukunft die Hauptstöße bei Angriffen mit starken Panzerverbänden geführt werden sollten. Um die dadurch erzielten Geländegewinne auch nutzen zu können, mussten Infanterieeinheiten zur Verfügung stehen, die schnell genug waren, um den Panzern folgen zu können. Dies war der bedeutendste Grund für die Aufstellung der motorisierten Divisionen, und ein wichtiger Teil davon waren anfangs die Kradschützen mit ihren Motorrädern. Des weiteren sollten Kradmelder die einstigen Meldegänger bzw. Meldereiter ablösen, und insbesondere in der frühen Phase eines Angriffs, wenn noch keine Telefonleitungen verlegt waren, für eine schnellere Nachrichtenübermittlung sorgen. Bezüglich der Ausrüstung gilt auch für die Motorradverbände, dass die Wehrmacht die unterschiedlichsten Motorradtypen einsetzte, wie geeignet oder ungeeignet sie auch für den militärischen Alltag waren.

Es verwundert daher nicht, dass bereits während des Polenfeldzugs ein großer Teil der Motorräder ausfiel, da sie den Anforderungen nicht gewachsen waren. Ab 1940 begann man daher die Kraftradverbände mit neuen 750-ccm-Motorrädern mit Seitenwagen von BMW und Zündapp auszurüsten. Diese sehr robusten Maschinen hielten auch härtesten Bedingungen stand und besaßen aufgrund des angetriebenen Seitenwagenrads auch eine wesentlich verbesserte Geländegängigkeit. Mit der verbesserten Qualität stieg allerdings auch der Produktionsaufwand ganz erheblich. Schätzungen gehen dahin, dass die Kosten für den Bau eines solchen Motorrads doppelt so hoch waren wie bei einem VW Kübelwagen. Obwohl von beiden Typen trotz des kaum zu rechtfertigenden Aufwands über 35000 Stück gebaut wurden, verringerte sich die Bedeutung der Kradschützen, je länger der Krieg dauerte. Wo möglich ging man nach 1942 dazu über, die Motorräder durch Kübelwagen, Schützenpanzer oder andere Fahrzeuge zu ersetzen.

Bild oben: Eine Kradschützenabteilung auf dem Vormarsch in Polen 1939. Bild unten und gegenüberliegende Seite: Im russischen Schlamm gab es auch für die besten Motorräder oft kein Weiterkommen.

Zündapp KS 750

Das Zündapp Kraftrad KS 750 wurde speziell für den Militäreinsatz konstruiert. Die ersten Exemplare kamen im Herbst 1940 zur Truppe und wurden als erstes in Afrika eingesetzt. Das sehr stabile Fahrzeug mit dem typischen Pressstahlrahmen besaß einen Seitenwagenantrieb und einen Rückwärtsgang. Als Antrieb diente ein 750-ccm-2-Zylinder-Boxermotor mit 26 PS. Die Kraftübertragung erfolgt mittels einer Kardanwelle auf das Hinterrad, von dem über ein sperrbares Differenzial auch das Seitenwagenrad angetrieben wird. Zwischen 1940 und 1944 wurden 18635 Stück gebaut.

BMW R 75

Neben Zündapp hatte auch BMW den Auftrag erhalten, ein Motorrad für das Militär zu entwickeln. Das Ergebnis war die R 75, die im Gegensatz zur KS 750 einen konventionellen Rohrrahmen hat. Da sich die KS 750 von Zündapp bei der Erprobung besser bewährte, sollte BMW eigentlich das Konkurrenzmodell in Lizenz fertigen. Aber wie so oft scheiterte auch dieser Versuch zur Vereinheitlichung am Widerstand des unterlegenen Wettbewerbers. BMW durfte schließlich sein eigenes Modell herstellen, musste aber einen Teil der Bauteile gemeinsam mit Zündapp verwenden, um die Ersatzteilversorgung zu erleichtern. Dies war wenig mehr als eine Einigung auf der Basis des kleinsten gemeinsamen Nenners. Kraftübertragung und Räder sind bei beiden Modellen identisch, die Vorderradgabel und der Motor sind aber unterschiedlich. Ein Unsinn, denn der BMW-Motor mit 746 ccm Hubraum und 26 PS war in Bezug auf Größe und Leistung praktisch identisch mit dem Zündapp-Motor. Zwischen 1940 und 1944 wurden 16510 R 75 gebaut.

Horse Wagons, Trucks, Cars, Half-Tracks, Tractors, and Motorbikes - English Summaries

Introduction

Only in the last years before the outbreak of World War I the Imperial German armed forces became interested in motor vehicles. Despite the resistance of large parts of the rather conservative Imperial German General Staff serious attempts were made to equip the troops at least with some cars and trucks. With respect to cars, only civilian models were considered since there appeared to be no use for a special military model. On the other hand, the possible usefulness of trucks for providing supplies to the battlefield was obvious. But due to cost reasons the army purchased a few military trucks only although such models had been developed by Daimler, for instance. It was rather decided to merely establish standards for trucks which could be used by the army and to subsidise civilian businesses which purchased such vehicles. In return the subsidised trucks had to be handed over to the army in case of war. One of the very few subsidised trucks from the time of World War I that is still existing is on exhibit in the Museum Sinsheim.

To be fair it must be stressed that extensive motorization of the German army was not only limited by the conservative attitude of its command but also by the insufficient capacity of the German automotive industry which was unable to build a large amount of military vehicles during the few years until the outbreak of World War I. This would not have been of too much value either since after the war started the shortage of raw materials was already a major problem for the few existing motorised units. In particular rubber and fuel were of short supply throughout the war. In this respect Britain and France were in a much better position. It is estimated that at any given time the German army had no more than 40,000 vehicles at its disposal whereas its opponents could mobilise about 200,000.

During the inter-war period, motorization of the small German army, that counted only 100,000 men, was limited by the Versailles Treaty and the troubled economy that was plagued by inflation and the world economic crisis. Things changed quickly after the National Socialists came to power in Germany in 1933, but not as radically as it is often described. Although there was still some resistance against large-scale motorization within the German army command, it were the limited resources of the German industry again as well as major planning faults which prevented the realisation of the ambitious plans of General Guderian and other modern thinking commanders who wanted to build up a largely motorised army. Of the 106 divisions which were mobilised in 1939 there were only ten tank divisions and six motorised divisions. When the Russian campaign started in 1941, of the 192 active German divisions (120 of which were sent against Russia) only twelve were fully motorised. There were now 20 tank divisions but compared to 1939 the total number of armoured vehicles had merely changed since the number of tanks allotted to each division had been cut in half. The horse was still the most important means of transportation. More than 500,000 pack and draught animals accompanied the German troops when they marched into Russia. A military exhibition which wants to paint a realistic picture of the transportation devices of the German Wehrmacht would have to consist up to 80 % of military boots, horse wagons, and bicycles.

This was the reality of the German armed forces during World War II. Supplied with insufficient equipment the troops were sent into a hopeless war mainly on foot or on horseback by an irresponsible leadership. The motorised units which dominate most of the propaganda and war movies were the exception, not the rule. Besides a selection of the most important cars, trucks, and half-tracked vehicles of World War II the Museum Sinsheim, therefore, also shows many horse wagons and sledges since such devices by far outnumbered motorised vehicles in the German army.

One of the first trucks designed for military purposes was made by Daimler (picture bottom right). However, only few of these trucks were purchased by the German army. It was rather decided to subsidise private businesses which purchased trucks that could also be used by the army. The picture at the left shows such a subsidised truck made by Opel which is on display in the Museum Sinsheim. It is one of the very few specimen of this type of truck which still exist today.

Heavy German Horse Wagon Hf. 2 and Horse Drawn Sledge

World War II movies often give the impression that most of the armies were motorised. The reality was different. Only the American troops were fully motorised. In 1941, about 70% of the German soldiers went into a hopeless fight on foot, horseback, or bicycle. In most parts of Russia there were no streets but only mud and unsurfaced tracks. In these regions horse wagons and sledges were indispensable for the transport of any supply, in particular in the winter. The heavy horse wagon shown at the left was specially designed for military purposes and first used by the former Imperial German Army in 1906. It remained in service virtually unchanged until 1945. Drawn by two to four horses the wagon with a weight of 1,500 kg could carry a payload of about 1,000 kg.

German 3 Ton Truck Opel »Blitz«

The Opel »Blitz« with a cargo capacity of three tons was by far the most frequently built truck of the German Wehrmacht. More than 100,000 specimen of this sturdy vehicle were built for the army alone. It was propelled by a water-cooled 6-cylinder 68 hp gasoline engine which had been developed by General Motors. In particular the versions equipped with all-wheel drive stood up well to the rigours of military use. Development of the Opel »Blitz« started in the middle of the 1930s. From the outset it was planned to build both a civilian version with rear-wheel drive (built from 1937) and a military version with all-wheel drive (built from 1940). Both versions could be equipped with different types of boxes or with a flatbed with or without a tarp. The Opel »Blitz« provides a good example of the unsound competition that was commonplace in the German automotive industry. Since this model was clearly superior to the 3 ton truck developed by Daimler-Benz, Hitler gave the personal order in June of 1942 that the Mercedes factory in Mannheim should immediately stop the production of its own 3 ton truck and produce the Opel model instead. Legend has it that this »shame« struck the director of the Mannheim factory so hard that he died a couple of weeks later. Thereafter the Mercedes directors obstructed the plan for another two years until June of 1944. Production of the Opel truck in Mannheim finally started in the nick of time. A couple of weeks later Opel had to discontinue production of the »Blitz« after the production plants had been destroyed by allied bombers. The Opel »Blitz« with wood gas generator shown here was manufactured by Daimler-Benz in Mannheim. Since steel was in short supply the cabin was made of chip board. Above the seat of the driver's mate a hole was sawn into the cabin ceiling so that the driver's mate could look out for fighter bombers and warn the driver. Throughout the war fuel was extremely scarce in Germany. The few civilian vehicles and many vehicles of the rear services of the army, therefore, run on wood gas. In a wood gas generator wood is carbonised in a drum under limited oxygen supply. Under such conditions a process called pyrolysis takes place which converts about 80% of the solid wood mass into combustible gas. This is a normal process which occurs in any wood oven. However, in an oven the wood gas burns immediately since there is enough oxygen available. In a wood gas generator the combustible gas is filtered and then directed into the engine. In principle most gasoline engines can be driven by wood gas but the performance of the engine is reduced by at least 20%.

Mercedes-Benz 4.5 Ton and 1.5 Ton Truck

The German army never had enough vehicles. Since all standardisation efforts failed they took what they could get from the German automotive industry and also seized every vehicle they could lay their hands on. Eventually, the German army employed virtually hundreds of different vehicle types. Many of them broke down within weeks or even days since they were not designed for military purposes. Spare parts were a rarity and only available for the most frequent types. The 4.5 ton truck L4500S (left) and the 1.5 ton truck L1500 (bottom right) shown here, both designed and manufactured by Mercedes-Benz, belonged to the more useful models. Between 1939 and 1945 about 10,000 units of the L4500 S were completed. Unlike most other German trucks it was powered by a diesel engine. The L1500 was rarely used as a truck but rather as a multipurpose vehicle which was a welcome replacement for the ill-designed heavy army car. In the Museum two different versions are shown, the personnel carrier depicted here and an ambulance vehicle.

German 1 Ton Half-Track

Half-tracks are all-terrain vehicles with a conventional truck axle with leaf springs at the front and caterpillar tracks at the rear. The purpose of this design is to produce a vehicle which has the cross-country capabilities of a track-laying vehicle but can be steered like a conventional truck. Although the Western Allied and Russian forces also employed half-tracks, this vehicle type was mostly used by the Germans. In fact, no other army ever used half-tracks in such a number and variety as the German Wehrmacht during World War II. After the war, half-tracks soon fell out of favour. This raises the question as to why the Wehrmacht made such an extensive use of half-tracks. The main reason probably was that half-tracks were *en vogue* at the time the course was set for the motorization of the German forces and that the procurement agency had a passion for complexity and technological extravagance rather than for military needs and simplicity. At first sight half-tracks, which in principle can be driven by anyone who is able to drive a normal car, appear to represent a good compromise between cross-country capability, towing load, speed, and ease of use. However, due to their complicated design half-tracks are more difficult to produce than simple fully-wheeled trucks or fully-tracked tractors and need more maintenance. This not only limited the number of vehicles which could be built but also increased the failure rate. The latter was of particular importance since the Wehrmacht decided to procure no less than six different types of half-tracks for towing loads of 1, 3, 5, 8, 12, and 18 tons. Since all of these types were developed by different companies and mostly required their own spare parts proper maintenance and repair was extremely difficult in particular after the Russian campaign started. There can be no doubt about it that the German half-tracks were powerful vehicles which mostly stood the test. However, the complicated design and the permanent shortage of spare parts significantly reduced their value.

German 3 Ton Half-Track

Of the six half-tracks employed by the Wehrmacht, the types designed for towing loads of up to 1 ton and 3 tons were referred to as the light half-tracks. Whereas the 1 ton half-track was developed by DEMAG, the 3 ton version was designed under the supervision of Hansa-Lloyd. Both versions used the same Maybach 3.8 and 4.2 litre engines with a power of 90 and 100 hp, respectively. But otherwise they differed in many ways. Production started in 1937 (1 ton half-track) and 1938 (3 ton half-track), respectively, and continued until the war ended. Both vehicles were predominantly used as personnel carriers and for hauling light artillery guns and other equipment. Some were equipped with light anti-tank or anti-aircraft guns and used as weapon carrier. The light half-tracks also provided the basis for the two most important German armoured personnel carriers, the types 250 and 251. In fact, one third of the 1 ton and two thirds of the 3 ton half-track chassis were used for this purpose. Although only lightly armoured, these vehicles were sufficiently protected against light arms and significantly reduced the losses of the armoured infantry units. Altogether, about 17,500 1 ton half-tracks, 7,500 1 ton half-track chassis, 9,000 3 ton half-tracks, and 16,000 3 ton half-track chassis were built.

German 5 Ton Half-Track

In particular during the Russian campaign the equipment of the German Wehrmacht was strained to its limits. Attrition was extremely high. The German cars and tanks had definitely not been designed for the climatic and geographic conditions encountered there. More often than not the failure rate due to technical defects exceeded the losses caused by enemy fire. Thus the maintenance units became of major importance. However, also in this area the German troops were poorly prepared. In Africa and Russia, due to the sand and dust, the tank engines were already worn out after a couple of thousand kilometres but there were almost no cranes that could be used for lifting the very heavy engines out of the chassis. Hydraulic cranes were completely absent. Only some mechanical cranes with block and pulley were available. On the medium 5 ton half-track shown here a mechanical derrick crane manufactured by Bilstein with a maximum lift capacity of 6 tons was mounted. This is a rare specimen since even such simple cranes were extremely scarce in the German Wehrmacht. Among other things they were used on airfields for salvaging damaged aircraft.

German 8 Ton Half-Track

The medium 8 ton half-track developed by Krauss-Maffei was the most versatile and probably also the most important prime mover of the German Wehrmacht. Serial production started in 1937 and was continued up to the end of the war. Primarily intended for hauling the medium 105 and 150 mm howitzers it became famous as the prime mover vehicle of the 88 mm anti-aircraft gun. During the first war years this gun was the most efficient, and more often than not also the only, weapon of the Wehrmacht suitable for fighting heavy tanks. The 8 ton half-track, which could not only transport the gun with its ammunition but also the gun-crew, gave this heavy weapon the mobility which was essential for its efficient use. The vehicle was also employed as weapon carrier for the 37 mm single and the 20 mm quadruple anti-aircraft gun. Due to its excellent cross-country capabilities it was also most useful for salvaging disabled trucks and for special transportation tasks.

Was there really a need for six different half-tracks in the German Wehrmacht? The most frequent types with more than 50,000 vehicles and chassis built were the 1 ton and 3 ton versions. Probably a single light half-track would have sufficed. Of the 5 ton and 12 ton types, only about 3,000 and 4,000 specimen were built, respectively. These types were mostly dispensable since the 8 ton half-track, of which about 12,000 units were built, could have absorbed their duties. The heavy 18 ton half-track was almost exclusively used for salvaging disabled tanks, in particular Panzer III and Panzer IV. Thus, for the Wehrmacht it would have been possible to focus all efforts and resources on three types only, a light 2-3 ton half-track, a medium 8-10 ton half-track, and a heavy half-track.

German Half-Track Motorbike

The German procurement agency was so obsessed by the half-track concept that in 1939 it even commissioned the motorbike manufacturer NSU to design a track-driven motorbike. It was intended as a light all-terrain vehicle that could be used for towing the light guns of the mountain troops and as a field telephone line-layer. Besides the driver it could transport two additional men on the backseat. Its design was rather awkward. The front part with driver's seat, fork, front wheel, and handlebar was quite similar to a motorbike. However, it was mostly useless since the vehicle could hardly be steered with the front wheel but required additional steering brakes which were automatically activated by the steering bar. Since the vehicle had to fit into a Ju-52, only very narrow tracks could be used which considerably reduced cross-country performance. The half-track motorbike was particularly infamous for its tilting tendency. Due to its narrow width of only one metre, hills had to be climbed at a perpendicular angle. Otherwise the vehicle could easily overturn and bury its driver. But this was not the only danger. Directly beside the driver's knees the completely unprotected gasoline tanks were located which instantly exploded if hit by enemy fire. But despite all these drawbacks the half-track motorbike proved quite useful particularly in Russia. After the war some of the remaining specimen were used for agriculture and forestry. In the Museum Sinsheim two military NSU half-track motorbikes are shown, one with a device for laying telephone cables and another one equipped with a double machine gun.

German Artillery Tractor »RSO«

For this German artillery tractor the acronym »RSO« was used which stands for »Raupenschlepper OST« (caterpillar east). When the Russian campaign started most of the German artillery was horse drawn and this did not change very much throughout the war. Instead of procuring a large amount of simple artillery tractors the procurement agency had opted for the sophisticated half-tracks which were never available in sufficient numbers. The consequences of this wrong decision became obvious during the fall of 1941 already. But only after the German troops became almost completely immobile during the mud period in spring of 1942 the decision was made to procure a simple caterpillar for the Eastern Front. The contract went to Steyr-Daimler-Puch since they had a blueprint at hand that met the demands. Although the first prototype was ready for testing in April of 1942 it took one year until the first 3,000 units were delivered to the German army. The »RSO« was a simple vehicle that was designed for mass production. Until the end of the war about 25,000 units were completed. As an artillery tractor the »RSO« was largely a failure because its 70 hp gasoline engine was not powerful enough. This air-cooled engine had originally been designed for a heavy military car. In the »RSO«, because of its unfavourable torque, it had to run at maximum rpm and consumed up to 60 litres of gasoline per 100 km in spite of its weak performance. However, for transportation of supplies in difficult terrain the »RSO« stood the test. Some »RSO« were modified as weapon carriers and, equipped with a 75 mm anti-tank gun, used as tank hunters.

German Medium and Heavy Military Car

Until 1933 the small German Reichswehr procured cars of many different types without any system whatsoever. After the foundation of the new Wehrmacht the procurement agency decided to put an end to this unsound variety and commissioned the development of three standardised cars, a light, a medium, and a heavy one. All three models had to be designed according to detailed demands of the procurement agency which also supervised all stages of the development process. Two such vehicles are on exhibit in the museum, a medium (picture left) and a heavy car (picture right), both manufactured by Horch. Although development and testing took several years, the result was largely disappointing. All three models turned out to be too heavy and too complicated and many broke down with mechanical problems after a short period of time. The failures were not just caused by teething problems but were due to fundamental design errors which resulted in frame and axle breaks. The light and heavy model, which both had been equipped not only with all-wheel drive but also with all-wheel steering, were particularly vulnerable. As was the case with the half-tracks, the procurement agency again did not manage to build simple vehicles but opted for an extravagant solution. The all-wheel steering did not improve cross-country performance but rather was a source for permanent mechanical defects and led to an uncontrollable driving behaviour at higher speeds. The all-wheel drive, therefore, was discontinued in 1940. Only the medium car, which was equipped with a standard steering, was spared this problem. About 13,000 light, 35,000 medium, and 10,000 heavy cars were built in many versions by several manufacturers. Only the medium model proved useful.

German Light Military Car »VW Kübelwagen«

When the first specimen of the light military car developed under the supervision of the procurement agency reached the troops in 1937 it soon became clear that this vehicle would not fulfil the expectations. Therefore, just a few weeks before the outbreak of World War II Ferdinand Porsche was asked to develop a new model. Since time was of the essence he decided to use the basic design of the trusted Volkswagen limousine. The chassis was reinforced, the ground-clearance was raised, and the body was modified according to military necessities. Also the air-cooled boxer engine of the civilian model was adopted with only slight modifications. What first appeared as a makeshift solution turned out to be a very useful vehicle. Although only equipped with rear-drive it had a very good cross-country performance due to its light weight. A major advantage was the air-cooled engine which performed equally well in the heat of Africa and in the cold of Russia. It was its simplicity which made this car so reliable. In 1941, further development resulted in an amphibious version with all-wheel drive. However, due to its small draught only calm waters could be crossed without danger. Thus this vehicle was mostly used on streets and offroad. The all-wheel drive, the smooth underbody, and the large ground-clearance all contributed to the excellent cross-country capabilities of this excellent car.

German Sidecar Motorcycle BMW R 75

When the first motorization programs of the Wehrmacht started after 1933, motorcycles played an important role since they were considered relatively cheap means to provide the troops with more mobility. Mobility was of major importance since tank attacks can only be successful if there is enough mobile infantry that can follow the tanks and secure the conquered territory. Infantrymen on motorbikes were also important for the transmission of information during the early phase of an attack when telephone lines were not available. When the war started the motorcycle units employed all types of vehicles no matter how useful they were for military purposes. It is not surprising, therefore, that already during the Polish Campaign a large proportion of the motorcycles broke down since they were not robust enough. The famous German motorcycle manufacturers BMW and Zündapp were commissioned to develop new models with sidecar especially designed for the army. In 1940, the first specimen were delivered to the troops. As was usual for the procurement agency BMW and Zündapp were allowed to build two independent models. They had to use some common assembly parts like the wheels and the power transmission but the engine and many other parts were different. Both were equipped with a 750 ccm boxer engine and a driven sidecar wheel which greatly enhanced cross-country capabilities. Both motorbikes performed excellently but were very expensive. It is estimated that one bike cost about twice as much as a VW Kübelwagen. Thus, after 1942 motorbikes were replaced by cars, armoured personnel carriers, and other vehicles wherever possible.

American 2.5 Ton Truck GMC CCKW 353

Among military historians it is undisputed these days that the outcome of World War II was decided by the armaments- and agricultural industry of the USA. The way the war was carried on after 1941, that is as a war of wear and tear which inflicted incredible casualties in particular on Russia, with the only aim to systematically wear out the Wehrmacht, it was inevitable that the side with more material at their disposal must finally be the winner. And most of the material came from America or was based on American technology. The odd element is that, at the outbreak of the war in 1939, the American Army had practically no state-of-the-art vehicles, tanks or airplanes at all. Since no one could predict whether at all and when America would be drawn into the war, it was decided to wait until the point in time when it would become obvious what precisely was, in fact, going to be required. With the GMC 353, the subsequent standard-truck of the US-Army, this was the very procedure adopted. When the possibility of a war with American participation became concrete in 1939, the procurement agency requested tenders for the construction of a multi-purpose army truck. The payload was to be 2.5 tons since, in the opinion of the planners, a vehicle of this kind did not only seem suitable as far as the relation of production costs to effectiveness was concerned but would also qualify best for mass production. This kind of attitude evokes comparison to the chaotic German armament scheme where it took bitter setbacks to learn that it would have been better to limit all efforts to the Opel »Blitz«. The first prototypes of the new truck were delivered in 1940 and then tested and improved for almost one year. Only 8,000 units were built until the end of 1940. But the agenda had been set and when America entered the war production started at a breathtaking pace. In just 4 years a total of nearly 530.000 GMC CCKW were produced.

Willys Jeep

The history of the legendary Willys Jeep did not begin until after the outbreak of WW II, namely in May of 1940 when the US Army invited tenders for the production of a light cross-country vehicle. The participating firms were asked to deliver 70 test vehicles to the Army within a period of 75 days, meeting, among others, the following requirements: maximum weight of vehicle 590 kg, maximum load 270 kg, rectangular body with fold-over windshield and three seats, all-wheel drive, powerful engine with at least four cylinders, hydraulic brakes, trailer coupling, maximum speed on an even surface at least 50 miles/hour (approx. 80 km), clearing of gradients of up to 40 degrees and, most important of all, as inexpensive as possible. Three companies, namely Bantam, Ford and Willys Overland succeeded in delivering the required prototypes. After extensive tests the Army finally decided in favour of the model by Willys Overland, which - after numerous modifications - however, turned out to be significantly heavier than originally planned. In 1941 quantity-production started at both Willys and Ford. The Willys Jeep was an outstanding vehicle that proved its qualities under varying climatic conditions and on all kinds of terrain. Up to 1945 approximately 630,000 units were built. Production of the Willys Jeep thus topped that of the VW Kübelwagen ten times. The US-Army used the successor version up to 1960 in active service. Apart from that, a great number of civilian versions appeared on the market after the war.

Russian Cross-country Vehicle GAZ 67 B

This light cross-country vehicle was built by GAZ (»Gorki'y Automobil Zavod« = »Gorky Automobile Factory«) in Russia and its purpose of deployment was corresponding to that of the VW Kübelwagen or the Willys Jeep, respectively. Just as most of the other Russian vehicle manufacturers GAZ was also founded within the frame of a cooperation with an American firm. The American partner of GAZ was Ford. This way, Russian factories not only got to gain valuable technological knowledge but also the principle of American mass production which they employed successfully during the years of the war. The vehicle shown here is a GAZ Model 67B of 1943. With the GAZ 61, GAZ had built the first Russian cross-country vehicle back in 1938 already. Up to the German invasion in 1941, there was a modest production number only. At first Russia compensated the deficiency of vehicles by supplies from England and America. At the same time, however, they began producing their own vehicles on a large scale. Inspired by the Willys Jeep, GAZ proceeded to develop the Model 61 via several intermediate stages into the Model 67 which went into mass production as of 1943. The four-wheel drive of the vehicle weighing 1,320 kg was powered by a 3.8 liter gasoline engine with 45 hp. The vehicle performed so well that it remained in production up to 1953. Altogether 93,000 units were built of this type.

Lokomotiven

Bis zum Ende des Zweiten Weltkriegs war für Deutschland die Eisenbahn das wichtigste Verkehrsmittel für den Truppen- und Nachschubtransport über weite Entfernungen. Im Ersten Weltkrieg erfolgten die Transporte überwiegend im eigenen Land, da die Kampfhandlungen schnell in einen Stellungskrieg übergingen und nur wenig fremdes Territorium erobert wurde. Insbesondere im Westen wurden mit der Eisenbahn Millionen von Soldaten und abermillionen Tonnen Kriegsmaterial mit der Eisenbahn an eine Frontlinie in der Nähe der Heimatgrenze transportiert, deren Verlauf sich oft über viele Monate nicht oder nur wenig änderte. In Gebieten, wo es keine ausgebauten Bahnstrecken gab, wurden mit Hilfe vorgefertigter Schienenelemente behelfsmäßige Feldbahnstrecken eingerichtet. Für die Verteilung im unmittelbaren Frontbereich waren Pferdefuhrwerke und die wenigen verfügbaren LKW ausreichend.

Der Zweite Weltkrieg war dagegen dadurch geprägt, dass die deutschen Truppen nicht nur ständig in Bewegung waren, sondern sich im späteren Kriegsverlauf auch tief im Feindesland befanden. Entsprechend schwieriger war die Versorgung mit Nachschub. Während des Polen- und des Frankreichfeldzugs stellte dies noch kein besonderes Problem dar, da beide Feldzüge nur wenige Wochen dauerten und sich zudem in direkter Nachbarschaft zum deutschen Reichsgebiet abspielten. Wie wenig die Deutsche Wehrmacht auf Transportaufgaben über weite Strecken vorbereitet war, zeigte sich spätestens mit dem Beginn des Afrikafeldzugs. Hier gab es gleich zwei Probleme. Zum einen mussten die Transporte jetzt über Italien auf dem Seeweg erfolgen und waren daher ständigen Angriffen ausgesetzt, zum anderen standen in Afrika kaum Eisenbahnlinien für den Weitertransport zur Verfügung. Die Lastkraftwagen waren für die Wüste genau so wenig geeignet wie für die russischen Schlammpisten und das einzige brauchbare Transportflugzeug war während des gesamten Krieges die Ju-52 mit einer Nutzlast von maximal 2 Tonnen. Es wundert daher nicht, dass das Afrikakorps ständig unter Nachschubproblemen litt und bereits 1943 kapitulieren musste.

Afrika blieb jedoch nur ein Nebenkriegsschauplatz. Entscheidend war, was sich nach dem Beginn des Russlandfeldzugs an der Ostfront ereignete. Mit jedem Kilometer, den sich die Wehrmacht nach Russland heineinbewegte, wuchsen die Versorgungsprobleme. Obwohl von Beginn an klar sein musste, dass für den Massentransport nur die Eisenbahn in Frage kam, hatte man wenig Wert auf den Bau von Lokomotiven gelegt, die für die klimatischen Bedingungen Russlands geeignet waren. Wie bei der Fahrzeugausstattung rächte sich auch hier die völlig unrealistische Annahme, dass Russland in wenigen Monaten besiegt werden könnte. Die Folgen dieser Fehlplanung zeigten sich schnell, als das Thermometer -40°C und weniger erreichte. Die meisten Lokomotiven waren gegen diese Kälte so empfindlich, dass das Kesselwasser während der Fahrt zu Eis erstarrte. Der Nachschub kam über weite Strecken zum Stillstand, tausende Verwundete erfroren in den liegen gebliebenen Lazarettzügen. Nur wenige Lokomotiven, wie die unten beschriebene Hanomag G8 aus der Zeit des Ersten Weltkriegs, blieben funktionsfähig. Die erbeuteten russischen Lokomotiven waren nicht nutzbar, da die Bahnstrecken bereits von der russischen Spurweite (1524 mm) auf die europäische Spurweite (1435 mm) umgenagelt waren. Aus diesem Grunde konnten auch die riesigen russischen Güterwaggons, die bis zu 60 Tonnen tragen konnten und mit denen die russische Eisenbahn binnen weniger Monate fast die gesamte kriegswichtige Industrie jenseits des Urals transportiert hatte, nicht verwendet werden. Was blieb waren die viel zu kleinen deutschen Gütterwaggons mit 15 Tonnen Nutzlast.

In den Museen Sinsheim und Speyer können zahlreiche Lokomotiven aus der Zeit der beiden Weltkriege besichtigt werden. Die wichtigsten sind auf den folgenden Seiten dargestellt. Bei den Beschreibungen ist angegeben, in welchem der beiden Museen sich das entsprechende Exponat befindet.

Bild links: Deutsche Kriegslokomotive Baureihe 52. Diese für den Einsatz in Russland konstruierte Lokomotive mit der Fabriknummer 14169 wurde 1944 von der »Maschinenbau und Bahnbedarfs AG« (ehemals Orenstein und Koppel) in Berlin gebaut. Bei Kriegsende befand sich die Lok in der Tschechoslowakei, von wo sie kurze Zeit später als Kriegsbeute nach Russland transportiert wurde. Nach einer Anpassung der Spurweite war sie bis 1962 in der Ukraine im Dienst. Ein Gastwirt aus dem Sauerland erwarb die inzwischen wieder auf westeuropäische Spurweite umgerüstete und für einen etwaigen Kriegsfall eingemottete Lok im Jahr 1995. Von ihm hat das Museum den Schienenveteranen erworben und im Zustand, wie die Lok in der Sowjetunion eingesetzt wurde, hergerichtet. Von den über 7000 gebauten Exemplaren dieser Baureihe sind noch einige Dutzend erhalten, aber nur ganz wenige als sowjetische Beutelok.
Technische Daten - Baujahr: 1944; Bauart: 1'Eh2; Gattung: G56.15; Länge: 23 m; Höhe: 4,40 m; Leergewicht: 76,5 to (ohne Tender); Gewicht dienstbereit mit Tender: 130 to; Leistung: 1620 PS; Höchstgeschwindigkeit: 80 km/h.
Standort: Technik Museum Speyer

Feldeisenbahn - Hanomag G8

Bild links: Feldeisenbahn (Brigadelok). An der Westfront, dem Hauptkampfgebiet des Ersten Weltkriegs, kamen die Truppenbewegungen schnell zum Erliegen. Nach 1914 änderte sich der Frontverlauf über Jahre hinweg nur noch geringfügig. Zur Nachschubversorgung wurden daher im Hinterland aus vorgefertigten Schienenelementen Feldbahnstrecken eingerichtet. Die typischen Lokomotiven der Feldeisenbahnen waren die »Brigadeloks«, von denen zwischen 1905 und 1919 über 2500 Exemplare gebaut wurden. Nach Kriegsende dienten die Kleinbahnen friedlichen Zwecken, insbesondere als Wald- und Holztransportbahnen. Das Museumsstück kam zuletzt 1980 bei der Waldeisenbahn Bad Muskau (Niederschlesien westlich der Neiße) in der ehemaligen DDR zum Einsatz.
Technische Daten - Baujahr: 1916; Hersteller: Borsig; Bauart: Dn2t; Gattung: K44.3; Länge: 5,89 m; Leergewicht: 9,7 to; Gewicht dienstbereit: 11,4 to; Leistung: 75 PS; Höchstgeschwindigkeit: 25 km/h. Standort: Technik Museum Speyer

Bild rechts: Hanomag Güterzuglok. Die im Jahr 1913 vorgestellte preußische Gattung G 8[1], von der insgesamt 3122 Exemplare gebaut wurden, entwickelte sich binnen kurzer Zeit zur Standardgüterzuglokomotive des Königreichs Preußen. Obwohl sie zu Beginn des Zweiten Weltkriegs eigentlich bereits veraltet war, erwies sie sich während des Russlandfeldzugs als unverzichtbar, da sie zu den wenigen Lokomotiven gehörte, die auch im russischen Winter bei Temperaturen von -50°C und weniger noch betriebsfähig blieb. Als Notlösung wurden um die Kessel der anderen Lokomotiven Holzverkleidungen montiert und der Zwischenraum mit Stroh ausgestopft, um eine halbwegs ausreichende Isolierung gegen die Kälte zu schaffen. Erst nach diesen Erfahrungen begann man mit der Entwicklung von Kriegslokomotiven speziell für den Einsatz in Russland. Auch nach 1945 blieb die G 8[1] im Einsatz. Das Museumsstück lief zuletzt 1969 beim Bw Dillenburg.
Technische Daten - Baujahr: 1915; Hersteller: Hanomag; Bauart: Dh2; Gattung: G44.17; Länge: 18,29 m; Höhe: 4,25 m; Leergewicht ohne Tender: 62,2 to; Gewicht dienstbereit mit Tender: 107,6 to; Leistung: 1260 PS; Höchstgeschwindigkeit: 55 km/h.
Standort: Technik Museum Speyer

Faun Zugmaschine - Güterzuglok Maschinenfabrik Esslingen

Bild links: Faun Zugmaschine. Kombinierte Zugmaschine für Straße und Schiene. Zum Umbau mußten lediglich die Räder gewechselt werden. Die Schienenräder sind beim Fahrzeug ausgestellt. Diese Art von Zugmaschine wurde für die Deutsche Wehrmacht in unterschiedlichen Ausführungen unter Verwendung von Faun-, Mercedes-, Büssing-, MAN- und anderen Lastwagen hergestellt. Sie wurden vornehmlich auf Nachschubstrecken in Sumpfgebieten eingesetzt, die einer Lokomotivenbelastung nicht standhielten. Die Faun-Zugmaschine mit einer Leistung von 150 PS war die stärkste und brauchbarste. Durch das 4-Gang-Wendegetriebe konnte die Zugmaschine mit der gleichen Geschwindigkeit Vor- und Rückwärts fahren. Das 1940 gebaute Museumsstück ist eine absolute Rarität, da nur wenige Zugmaschinen dieser Bauart den Krieg überlebt haben.
Standort: Technik Museum Speyer

Bild rechts: Güterzuglok Maschinenfabrik Esslingen. Diese Lokomotive der Baureihe 42° von 1944 war eine der letzten, die vor der Zerstörung der Werksanlagen in der Maschinenfabrik Esslingen gebaut wurden. Die ehemalige Kriegslokomotive, die von 1949 bis 1987 bei der polnischen Eisenbahn in Danzig eingesetzt wurde, kam 1992 nach fast 50 Jahren wieder zurück nach Deutschland. Im Verlauf einer zwölf Monate andauernden Restaurierung wurde sie weitestgehend in den Originalzustand zurückversetzt. Von der Baureihe 42 sind nur ganz wenige Exemplare in Deutschland erhalten.
Technische Daten - Baujahr: 1944; Hersteller: Maschinenfabrik Esslingen; Bauart: 1'Eh2; Gattung: G56.17; Länge: 23 m; Höhe: 4,40 m; Leergewicht ohne Tender: 86,8 to; Gewicht dienstbereit mit Tender: 142,1 to; Leistung: 1 800 PS; Höchstgeschwindigkeit: 80 km/h.
Standort: Technik Museum Speyer

Jung Kriegslokomotive

Diese von der Firma Jung gebaute Kriegslokomotive gehört zur Baureihe 52, die im Jahr 1942 als vereinfachte Variante aus der Baureihe 50 entstand. Auf alle entbehrlichen Teile wurde verzichtet und die Konstruktion auf die einfachsten Fertigungsmöglichkeiten zugeschnitten. In erster Linie war die Lokomotive für den Material- und Truppentransport zu den verschiedensten Kriegsschauplätzen vorgesehen. Bis zum Jahr 1951 wurden ca. 6 300 Lokomotiven der Baureihe 52 hergestellt. Das Museumsstück kam nach dem Zweiten Weltkrieg in Österreich zum Einsatz und war dort bis in die 1960er Jahre aktiv.

Da die üblicherweise schwarzen Lokomotiven auf den weißen Schneefeldern Russlands leicht zu sehen und daher ein leichtes Ziel für die feindlichen Flugzeuge waren, wurden Tarnversuche wie mit der hier gezeigten Zebrabemalung unternommen. Neben Bomben und Geschossen war aber auch der unter ca. 14 Bar Druck stehende Heißdampf für Lokführer und Heizer lebensgefährlich. Auf dem Führerstand herrschte vorne an der Feuerung auch im tiefsten Winter eine große Hitze, im hinteren Teil war die Mannschaft dagegen Zugluft mit -40°C und weniger ausgesetzt. Gesundheitsschäden blieben dabei nicht aus..

Technische Daten - Baujahr: 1943; Hersteller: Jung; Bauart: 1'Eh2; Länge: 23 m; Höhe: 4,40 m; Leergewicht ohne Tender: 76,5 to; Gewicht dienstbereit mit Tender: 130 to; Leistung: 1 620 PS; Höchstgeschwindigkeit: 80 km/h.

Standort: Technik Museum Sinsheim

Salonwagen der Reichsregierung - Güterwaggon

Ein historisch interessantes Stück der Eisenbahnausstellung im Technik Museum Speyer ist der oben gezeigte Salonwagen. Er wurde von Hitlers Reichsaußenminister Joachim von Ribbentrop in Auftrag gegeben, da er für seine Reisen einen besonders komfortablen Wagen haben wollte. Runde 390 000 Reichsmark ließ sich die Reichsregierung den 1937 fertig gestellten Salonwagen kosten. Ein Vermögen für die damalige Zeit, in der ein Einfamilienhaus für 20 000 Mark zu haben war. Der riesige Luxuswaggon mit schusssicheren Glasscheiben und Konferenzabteil ist 24 Meter lang und wiegt 63 Tonnen. Die Innenaustattung ist vollständig erhalten. Nach dem Krieg nutzte der amerikanische Hochkommissar für Deutschland den Wagen. Später fuhr Willy Brandt damit zu seinen Wahlkampfveranstaltungen. Nach 44 Jahren Laufzeit wurde der Wagen 1981 von der Deutschen Bundesbahn ausgemustert. Der Verein »Historische Eisenbahnen Frankfurt« hat wesentlich dazu beigetragen, dass der Waggon in Speyer gezeigt werden kann.

Während die Naziprominenz in luxuriösen Salonwagen reiste, wurden Millionen Soldaten und Deportierte in Güterwagen verfrachtet. Das Bild links unten zeigt einen der Standard-Güterwaggons der Reichsbahn für 15 Tonnen Zuladung aus der Zeit des Zweiten Weltkriegs, der im Museum Sinsheim ausgestellt ist. Was der einfache Soldat für Hitler tatsächlich bedeutete, beschrieb sein Lieblingsarchitekt Albert Speer anhand einer zufälligen Begegnung mit einem solchen Transport bei einer Fahrt im »Führerzug« von Ostpreußen nach Berchtesgaden im November 1942: »Eines späten Abends saß ich mit Hitler in seinem palisanderverkleideten Speisewagen an reich gedeckter Tafel. Dabei bemerkte zunächst keiner von uns, dass auf dem Nebengleis ein Güterzug hielt: aus den Viehwagen starrten heruntergekommene, ausgehungerte und zum Teil verwundete deutsche Soldaten, gerade aus dem Osten kommend, auf die Tafelrunde. Auffahrend gewahrte Hitler die düstere Szenerie zwei Meter vor seinem Fenster. Ohne Gruß, ohne überhaupt eine Reaktion zu zeigen, ließ er seinen Diener eilends die Rollos herunterziehen. So endete in der zweiten Hälfte des Krieges eine der seltenen Begegnungen Hitlers mit einfachen Frontsoldaten, wie er selber einer gewesen war.«

Locomotives - English Summaries

Introduction

Up to the end of World War II the most important means of transport for carrying troops and supplies over large distances was the railway. In World War I transports mainly took place on home territory since only few foreign areas had been occupied. In the West in particular, millions of soldiers and millions upon millions of tons of war material were transported by rail to a frontline near the home border which, more often than not, used to remain stationary over many months or even years. In areas where no fully developed railway lines were existing makeshift field lines were laid by means of prefabricated rail elements.

World War II, on the other hand, was marked by the fact that German troops not only were constantly on the move but, in the later phase of the war, also deep into enemy country. Correspondingly problematic was the provision of supplies. In the Polish and French campaigns this was not yet particularly problematic since both campaigns lasted for a few weeks only and, in addition to that, took place within the immediate vicinity of the boundaries of the German Reich. How insufficient the German Wehrmacht was prepared for transport tasks over long distances became obvious with the beginning of the African campaign at the latest. Two problems had to be faced. For one, transports had now to go via Italy by sea and were, therefore, constantly vulnerable to attacks, and secondly there were hardly any railway lines existing in Africa to permit further transport. Trucks were just as unsuited for deserts as for the Russian mud tracks and the only serviceable transport-plane during the whole war was the Ju-52 with a maximum payload of 2 tons. Small wonder, therefore, that the Africa Corps was suffering constant supply problems and had to capitulate as early as 1943 already.

But Africa remained a mere secondary theatre of war. The decisive events were those that happened at the Eastern Front after the outset of the Russian campaign. Each kilometre that the Wehrmacht covered into Russia brought more and more supply problems. Although it ought to have been clear from the outset that the only means of mass transportation would have to be the railway, little importance had been attached to the construction of locomotives suitable to the climatic conditions prevailing in Russia. As was the case with the supply of vehicles, here too the completely unrealistic expectation that Russia could be defeated within a few months took its heavy toll. The consequences of this misplanning soon became obvious when the thermometer fell to -40° C and below. Most locomotives were so sensitive to this cold that the boiler water froze to ice en route. Supply deliveries came to a halt over long distances, thousands of wounded soldiers froze to death in the stranded hospital trains. But few locomotives, like the Hanomag G8 from World War I described below, remained functional. The captured Russian locomotives could not be used since the tracks had already been renailed from the Russian gauge (1524 mm) into the European gauge of 1435 mm. For this reason the giant Russian freight cars that could carry up to 60 tons and which had been employed to transport nearly the entire war-important industry on the other side of the Urals by rail, could not be used. What was left were the much too small German freight cars with a payload of 15 tons.

Numerous locomotives from the time of both World Wars can be viewed in the Museums Sinsheim and Speyer. The descriptions state in which of the two Museums the corresponding exhibits are stationed.

Left picture: German war locomotive, 52 series. This locomotive with the serial number 14169, designed for service in Russia, was built in 1944 by the company »Maschinenbau und Bahnbedarfs AG« (formerly Orenstein und Koppel) in Berlin. At the end of the war this locomotive was stationed in Czechoslovakia from where it was then transported a short time later to Russia as spoils of war. After an adaptation of gauge it was doing service in the Ukraine until 1962. In 1995 the locomotive which had meanwhile been regauged to Western European standards and was kept mothballed towards a new war was bought by an innkeeper from the Sauerland. It was from him that the Museum acquired this veteran of the rails and reverted it to the shape it was in while serving in the Soviet Union. From the more than 7,000 units built of this series a few dozen are still existing, but only very few as a locomotive of Soviet booty.
Location : Technik Museum Speyer

Field Railway Train (top) and Hanomag $G8^1$ (bottom)
At the Western Front, the main war theatre of the World War I, troop movements soon came to a standstill. After 1914 the front line remained virtually unchanged for years. For supply deliveries, therefore, tracks made of prefabricated rail elements were set up for field trains in the hinterland. The typical locomotive for field trains was the »Brigadelok« (brigade locomotive) of which more than 2,500 units were produced between 1905 and 1919. After the end of the war these narrow-gauge trains were reverted to peaceful purposes serving as forestry and lumber transport trains. The exhibit at the Museum was last in use in 1980 at the Waldeisenbahn (forest railway) Bad Muskau (Nether Silesia west of the Neisse river) in the former GDR. The Prussian type $G8^1$ which was introduced in 1913, and of which altogether 3,122 units were built, developed within a short time into the standard freight train locomotive of the Prussian Kingdom. Although, actually, already obsolete at the beginning of World War II it proved indispensable in the Russian campaign since it was among the very few locomotives remaining functional even in the Russian winter at temperatures of -50° C and below. As a temporary solution the boilers of the other locomotives were covered with wooden panels with a lining of straw in between in order to achieve at least a partly sufficient isolation against the cold. It took learning the hard way by this experience to commence the development of war locomotives especially for service in Russia. The $G8^1$ remained in use after 1945. The exhibit at the Museum was last in service in 1969 at the Bw Dillenburg. Both locomotives are stationed at the Technik Museum Speyer.

Freight Train Locomotive Esslingen (top) and Jung War Locomotive (bottom)
The freight train locomotive belongs to the 42° series. It was one of the last units built at the Maschinenfabrik Esslingen in 1944 prior to the destruction of the factory premises and buildings by allied bombers. The former war locomotive, which was used by the Polish railway in Danzig from 1949 through 1987, returned to Germany in 1992, after almost 50 years. In the course of twelve months of restoration it was reverted, as far as possible, to its original state and subsequently stationed at the Technik Museum Speyer. The war locomotive built by Jung belongs in the 52 series which evolved as a simplified version from the 50 series in 1942. All expendable parts were dispensed with and the design was tailored to the most uncomplicated requirements of production. Essentially, the locomotive was intended for the transport of material and troops to the various war theatres. Up to 1951 about 6,300 locomotives of the 52 series were produced. After World War II the exhibit at the Technik Museum Sinsheim was stationed in Austria where it was in active service up into the 1960s. Since the usually black locomotives were highly visible in the white snowy plains of Russia and thus an easy prey for enemy fighter bombers, attempts at camouflage were made with the zebra paintwork shown here. Apart from bombs and enemy fire, however, the hot steam under a pressure of 14 bar was an additional life-threatening element for engine driver and stoker. At the front of the cab near the fiery furnace an enormous heat was prevailing even in the depth of winter while the men in the rear part had to suffer a draught of -40° and below. Damages to their health, of course, were inevitable.

Pullman Car of the Government of the Reich (top) and Freight Car (bottom)
A historically interesting item of the railway exhibition at the Technik Museum Speyer is the Pullman car shown at the top. It was commissioned by Hitler's Reichsaußenminister (foreign secretary) Joachim von Ribbentropp who wanted an especially comfortable railway car for his journeys. The government of the Reich was ready to pay 390,000 Reichsmark for this saloon car that was completed in 1937. A veritable fortune for that time when a house for one family could be had at 20,000 Mark. While prominent Nazis travelled in luxurious saloon cars millions of soldiers and deported people were packed into freight cars. The picture at the bottom shows a freight car of the Reichsbahn for a load capacity of 15 tons from the time of World War II which is on exhibition at the Museum Sinsheim. What the common soldier really meant to Hitler was described by his favorite architect Albert Speer on meeting a transport of this kind incidentally while travelling in the »Führerzug« (Hitler's train) from East Prussia to Berchtesgaden in November of 1942: »One late night I was sitting with Hitler in his jacaranda panelled dining car at the well stocked table. No one of us noticed at first that a freight train had stopped on the siding track. From the cattle wagons miserable, emaciated German soldiers, some of them wounded, who were just coming from the East were staring at the company at table. Incensed Hitler became aware of the dismal scene just two meters in front of his window. Without a salute or showing any reaction at all he had his servant quickly lower the blinds. Thus ended, in the second half of the war, one of the rare encounters of Hitler with ordinary front-line soldiers, men like one he had once been himself.«

Flugzeuge

Wie in den Kapiteln über die Panzer- und Transportfahrzeuge ausführlich beschrieben wurde, hat es bei den Heereseinheiten relativ lange gedauert, bis die Vorbehalte gegenüber motorisierten Einheiten ausgeräumt waren. Bei den Flugzeugen wurde der technische Fortschritt dagegen sehr schnell militärisch genutzt, was sicher auch daran lag, dass es sich hier um eine neue Waffengattung handelte, bei deren Einführung keine überkommenen Traditionen überwunden werden mussten.

Aufgrund der unzulänglichen Bewaffnung und der niedrigen Nutzlast bestand die Hauptaufgabe der noch jungen Luftwaffe zunächst in der Durchführung von Aufklärungsflügen. Als Antwort hierauf entstanden kurz darauf die ersten Jagdflugzeuge, deren Zweck darin bestand, die feindlichen Aufklärungsflugzeuge abzuschießen. Einen ersten Durchbruch zum vollwertigen Jagdflugzeug brachte 1915 die Fokker E III. Bei diesem Typ gelang es erstmals, ein auf der Motorhaube angebrachtes Maschinengewehr so exakt mit dem Motor zu synchronisieren, dass durch den Propellerkreis geschossen werden konnte, ohne den Propeller zu beschädigen. 1916 waren die technischen Entwicklungen schließlich so weit fortgeschritten, dass eine massive Aufrüstung mit Kampfflugzeugen beginnen und die ersten reinen Luftwaffenverbände aufgestellt werden konnten.

Zu dieser Zeit kam der Feindaufklärung allerdings nur noch eine geringe Bedeutung zu. Die Kampfhandlungen waren im Westen schon lange in einen Stellungskrieg übergegangen. Man wusste, wo der Gegner stand, und beschränkte sich bei der Luftaufklärung auf Fesselballone mit Artilleriebeobachtern, die das Geschützfeuer lenkten. Ein interessantes Exponat im Technik Museum Speyer ist in diesem Zusammenhang der unten gezeigte Fesselballonwagen mit zwei motorbetriebenen Winden, mit dem es möglich war, den Beobachtungsballon binnen kürzester Zeit zu Boden zu ziehen, wenn er von feindlichen Flugzeugen angegriffen wurde. Des weiteren wurden gezielte Luftangriffe auf die Zivilbevölkerung durchgeführt, wobei neben Sprengbomben auch erstmals Brandbomben eingesetzt wurden. Ziel dieser Angriffe sollte es sein, die Kampfmoral des Gegners zu schwächen. Ein strategischer Ansatz, der zu dieser Zeit bereits so sinnlos war wie später während des Zweiten Weltkriegs.

Obwohl die ersten Flugzeugverbände genau wie die ersten Panzer den Ausgang des Ersten Weltkriegs nicht entscheidend beeinflussen konnten hatten die Ereignisse nach 1916 doch gezeigt, dass diese Waffen in einem zukünftigen Krieg eine wesentliche Rolle spielen würden. Als nach der Machtübernahme durch die Nationalsozialisten 1933 die Aufrüstung der Wehrmacht begann, galt es, diese Erkenntnis umzusetzen. Die Wider-

Das Bild links zeigt einen originalgetreuen Nachbau eines Fokker E III Jagdflugzeugs, der im Museum Sinsheim zu sehen ist. Die Fokker E III war das erste in Serie gebaute Jagdflugzeug der Welt. Das ab Mitte 1915 eingesetzte Flugzeug war zunächst mit einem, später mit zwei am Bug angebrachten 7,92-mm-Maschinengewehren vom Typ 08/15 bewaffnet. Durch die Synchronisierung der Maschinengewehre mit dem Motor konnte erstmals durch den Propellerkreis geschossen werden. Oswald Boelcke und Max Immelmann waren die Helden dieses Flugzeugtyps. Die Maschine war beim Gegner so gefürchtet, dass man sie als »Fokker-Geißel« oder »Fokker-Plage« bezeichnete. In den deutschen Jagdfliegerstaffeln an allen Fronten eingesetzt, wurden die E III bald zum Schrecken der alliierten Flieger und sicherten der deutschen Armee bis 1916 die Luftüberlegenheit. Angetrieben von einem Oberursel U I Umlaufmotor mit 110 PS erreichte sie eine Höchstgeschwindigkeit von 140 km/h und eine Gipfelhöhe von 3 600 m. Abgelöst wurde die Fokker E III ab Ende 1916 durch die Albatros D II und die Fokker- und Pfalz-Dreidecker.

stände, die es dabei im Bereich des Heeres zu überwinden galt und die zahllosen Fehler, die bei der Motorisierung der Wehrmacht gemacht wurden, sind in den vorangegangenen Kapiteln bereits ausführlich dargelegt worden. Wie verlief die Aufrüstung im Bereich der Luftwaffe?

Nach 1918 verbot der Versailler Vertrag Deutschland den Bau und den Besitz von Militärflugzeugen. Wie bei der Panzerwaffe wurde dieses Verbot zunächst dadurch unterlaufen, dass die Reichswehr im Rahmen einer Zusammenarbeit mit der sowjetischen Armee in Russland Ausbildungslager unterhielt, in denen deutsche Soldaten an Waffen geschult werden konnten, die die Reichswehr nicht besitzen durfte. Ein Umstand, der heute noch immer vielen unbekannt ist. Des weiteren eröffnete die zivile Luftfahrt der deutschen Flugzeugindustrie trotz aller Beschränkungen die Möglichkeit, zumindest an den wichtigsten technischen Neuentwicklungen im Bereich des Flugzeugbaus teilzuhaben. Es gab somit 1933 zumindest ein gewisses Fundament, auf das sich die neuen Machthaber beim Aufbau der Luftwaffe stützen konnte.

Der Luftwaffenführung war bewusst, dass sowohl die geringen Produktionskapazitäten der deutschen Flugzeugfirmen als auch der Mangel an Rohstoffen die Möglichkeiten der Aufrüstung stark einschränkten. Es galt also, das strategische Konzept der Luftwaffe an die industriellen Möglichkeiten anzupassen. Dies ist ein ganz wichtiger Punkt, den man berücksichtigen muss, wenn es um die Bewertung der Leistungen und der technischen Ausstattung der deutschen Luftwaffe im Zweiten Weltkrieg geht. Da die Entwicklung eines ausgereiften Flugzeugs viele Jahre benötigt, hat die Entscheidung für einen bestimmten Flugzeugtyp weitreichende Konsequenzen, da Planungsfehler nach dem Ausbruch eines Krieges aufgrund von Zeitmangel kaum noch korrigiert werden können. Die wichtigste Grundsatzentscheidung war, dass die Luftwaffe von Beginn an als Unterstützungswaffe für das Heer gesehen wurde. Im engen Zusammenwirken mit den Bodentruppen sollte die Luftwaffe die Luftüberlegenheit sicherstellen und im Rahmen räumlich und zeitlich begrenzter Einsätze den schnellen Vormarsch der Panzer- und Infanterieverbände ermöglichen. Die Luftwaffe wurde somit nur für taktische Aufgaben geplant und ausgerüstet. Die Durchführung von strategischen Operationen, also die Durchsetzung von Kriegszielen allein durch die Luftwaffe, sah die Planung nicht vor. Hierzu wäre eine große Anzahl von schweren Bombern und Jagdflugzeugen mit großer Reichweite erforderlich gewe-

Delahaye Fesselballonwagen. Dieses in Frankreich gebaute Spezialfahrzeug aus dem Ersten Weltkrieg ist mit zwei motorbetriebenen Winden ausgerüstet. Es diente zum Auflassen und Einholen von Fesselballonen, die insbesondere zur Artilleriebeobachtung dienten. Die beiden Winden wurden benötigt, um die bananenförmigen Ballone ausrichten zu können. Zum blitzartigen Einholen eines Ballons, z. B. bei Beschuss, verfügt die Winde über einen speziellen Schnellgang. Der bullige 4-Zylinder-Motor mit 8 Litern Hubraum und 60 PS stammt aus dem Jahr 1907. Er war vorher als Rennmotor beim Rennen Paris - Madrid eingesetzt worden. Die Trittbretter waren abnehmbar und konnten als Überbrückung beim Überwinden von Gräben verwendet werden. Standort: Technik Museum Speyer.

Fokker Dr I. Die Fokker DR 1 ist ein Dreidecker, der während des Ersten Weltkriegs als einsitziges Kampfflugzeug entwickelt wurde. Geflogen vom »Roten Baron« Rittmeister Manfred von Richthofen wurde diese Maschine berühmt. Das Flugzeug zeichnete sich durch seine Wendigkeit und die damals enorme Steigleistung aus (von 0 auf 1000 m in weniger als 3 Minuten). Angetrieben von einem 9-Zylinder-Motor mit 110 PS erreichte die DR 1 eine Höchstgeschwindigkeit von ca. 165 km/h. Insgesamt wurden von August 1917 bis August 1918 von diesem Typ 322 Maschinen hergestellt. Das links gezeigte Museumsstück wurde im Original von Lt. Paul Baeumer geflogen. Bei dem oben gezeigten Exemplar handelt es sich um einen originalgetreuen Nachbau der Maschine des »Roten Barons«.
Standort: Technik Museum Speyer.

sen, die die deutsche Luftfahrtindustrie in der Kürze der Zeit nicht liefern konnte. Die Erfolge aber auch die Misserfolge der deutschen Luftwaffe im Zweiten Weltkrieg waren eine direkte Folge dieser im Prinzip völlig korrekten Grundsatzentscheidung, die sich am Machbaren orientierte.

Nachdem die Aufgaben der Luftwaffe festgelegt waren, ging man daran, die hierfür geeigneten Flugzeuge auszuwählen. Im Gegensatz zum Heer, wo zahllose Parallelentwicklungen und eine bunte Vielfalt von unterschiedlichen Fahrzeugmodelle für ein heilloses Durcheinander sorgten, beschränkte sich die Luftwaffe auf nur wenige Typen, die in großer Zahl gebaut wurden. Bei Kriegsausbruch im Jahr 1939 waren bei der Luftwaffe im Wesentlichen nur 6 Flugzeugtypen mit klar abgegrenzten Aufgabenbereichen im Einsatz, nämlich der einmotorige Jäger Bf-109, der zweimotorige Jäger bzw. Zerstörer Bf-110, die mittleren Horizontalbomber He-111 und Do-17, der Sturzkampfbomber Ju-87 sowie das Transportflugzeug Ju-52. Daneben gab es noch einige andere Typen wie das Schlachtflugzeug Hs-123 oder das Kurierflugzeug Fieseler „Storch", die aber zahlenmäßig von untergeordneter Bedeutung waren.

Im ersten Kriegsjahr ging das taktische Konzept der Luftwaffe voll auf. Sowohl beim Polen- als auch beim Westfeldzug wurde die Luftwaffe so eingesetzt, wie es die Planung vorsah und trug ganz entscheidend zu den schnellen Erfolgen bei. Die Wende brachte aber bereits die sogenannte »Luftschlacht um England« zwischen Juli und Oktober 1940. Jetzt sollte die Luftwaffe auf einmal eine strategische Aufgabe übernehmen und durch lang anhaltende Flächenbombardements eine entscheidende Schwächung der englischen Abwehrbereitschaft herbeiführen. Hierfür fehlten der Luftwaffe aber aus den oben genannten Gründen die Mittel. Entsprechend umfassend war die Niederlage. Rückblickend kann man sagen, dass sich die Luftwaffe von den Verlusten, die sie während der Luftschlacht um England erlitten hat, nicht mehr erholte.

Im darauf folgenden Russlandfeldzug stand die Luftwaffe vor den gleichen Problemen wie das Heer. Jetzt erfolgte der Einsatz zwar wieder nach dem ursprünglichen taktischen Konzept, die Kriegsziele standen aber in keinem Verhältnis zu den verfügbaren Mitteln. Außerdem war auch bei der Luftwaffe das Gerät für die klimatischen Bedingungen Russlands nur bedingt geeignet. Dort wo es gelang, genügend Kräfte zu konzentrieren, blieb die Luftwaffe schlagkräftig, aber dies war immer seltener der Fall je länger der Krieg andauerte. Da die Luftwaffe über keine Bomber mit großer Reichweite verfügte, war eine Bombardierung der russischen Rüstungsbetriebe, die bereits zu Kriegsbeginn hinter den Ural verlegt worden waren, nicht möglich. Außerdem verhinderte die begrenzte Transportkapazität die Versorgung eingeschlossener Truppen aus der Luft.

Ab 1941 begann sich auch ein weiteres Dilemma abzuzeichnen, nämlich die Unfähigkeit zur Einführung besserer Flugzeuge in ausreichender Stückzahl. Hier versagte die deutsche Flugzeugindustrie, zum Teil aufgrund von Fehlplanungen, zum Teil aber auch, weil es ganz einfach unmöglich war, unter Kriegsbedingungen Neuentwicklungen zur Serienreife zu bringen. Tatsächlich sind nach 1939 nur zwei Modelle im großem Umfang bei der Luftwaffe neu eingeführt worden, der Bomber Ju-88 und die als Jagdflugzeug und Jagdbomber konzipierte Fw-190. Zweifellos wurden zahllose innovative Entwicklungen durchgeführt, die zum Teil sogar in einem gewissen Umfang gebaut wurden. Zu nennen wären in diesem Zusammenhang insbesondere die Flugzeuge mit Strahlantrieb wie die Me-163 oder die legendäre Me-262, die richtungsweisend für die Flugzeugentwicklung nach 1945 werden sollte. Die meisten Neuentwicklungen blieben jedoch im Stadium des Prototyps stecken, kamen nur in unbedeutenden Stückzahlen zur Truppe oder erwiesen sich als untauglich.

Während der sich hieraus ergebende qualitative Nachteil im Osten noch einigermaßen kompensiert werden konnte, entwickelte sich die Situation im Westen insbesondere nach dem Kriegseintritt Amerikas immer dramatischer. Die deutschen Bomber waren aufgrund ihrer unzureichenden Bewaffnung und der geringen Bombenlast im Westen militärisch praktisch wertlos, sofern sie nicht durch Begleitjäger massiv geschützt wurden. Dies galt auch für den einzigen Transporter, die gänzlich unbewaffnete Ju-52, sowie die nur für Spezialaufgaben wie die Nachtjagd geeignete Me-110. Nur auf dem Gebiet der einmotorigen Jäger gelang es der Luftwaffe, durch stetige Verbesserung der Bf-109 und der Fw-190 bis zum Schluss qualitativ mit den amerikanischen und englischen Jagdflugzeugen zumindest einigermaßen gleichzuziehen. Die verfügbaren Stückzahlen waren aber viel zu gering. Ab 1943 konnten die Westalliierten überall die absolute Luftherrschaft erlangen, wo sie diese erreichen wollten. Gegen die Massen der massiv bewaffneten Bomber der Alliierten waren bestenfalls Achtungserfolge möglich. Wie bei den anderen Wehrmachtsteilen war es auch bei der Luftwaffe nach 1941 nur noch eine Frage der Zeit, bis die materielle Unterlegenheit zur totalen Niederlage führen würde.

In den Technik Museen in Sinsheim und Speyer sind einige der wichtigsten Flugzeugtypen der deutschen Luftwaffe aus der Zeit des Zweiten Weltkriegs ausgestellt. Einige davon wurden unter großem Aufwand von Mitgliedern des Museums geborgen und teilweise oder sogar vollständig restauriert. Diese sollen auf den folgenden Seiten vorgestellt werden. Wie bei den Lokomotiven ist auch hier bei den Exponaten angegeben, in welchem Museum sich diese befinden.

Heinkel He-111

Anfang der 1930er Jahre suchte die Deutsche Lufthansa nach einem neuen Flugzeugtyp für zwei Mann Besatzung und ca. 10 Passagiere. Bei Heinkel begann man daraufhin 1934 mit der Entwicklung der He-111. Da absehbar war, dass der Lufthansaauftrag die Entwicklungskosten nicht decken würde, wurde die Maschine von Beginn an auch als Bomber konzipiert. Der Erstflug erfolgte am 24. Februar 1934. Ab Januar 1937 wurden 30 Maschinen des Typs B-1 im Spanischen Bürgerkrieg eingesetzt.

Die He-111 wurde schnell zum Standardbomber der deutschen Luftwaffe. Mit einer maximalen Bombenlast von 3000 kg ist sie in die Klasse der mittleren Bomber einzustufen. Bei der deutschen Luftwaffe galt sie jedoch als schwerer Bomber, was den einfachen Grund hatte, dass bis kurz vor Kriegsende nicht ernsthaft an der Entwicklung eines echten schweren viermotorigen Bombers gearbeitet wurde. Zum Vergleich: Die amerikanische B-17 und die britische »Lancaster« konnten Bombenlasten von bis zu 6000 bzw. 10000 kg befördern. Nur während der Luftschlacht um England unternahm die deutsche Luftwaffe den ernsthaften Versuch eines strategischen Luftkriegs mit Flächenbombardements. Es zeigte sich jedoch schnell, dass die zur Verfügung stehenden Flugzeuge hierfür nicht geeignet waren. Aufgrund der schwachen Bewaffnung war auch die He-111 nach 1941 für den Einsatz im Westen nicht mehr geeignet. In Russland leistete sie aber weiterhin gute Dienste. Nach Kriegsende wurde die He-111 von der spanischen Firma CASA, die sich noch während des Krieges die Lizenzrechte gesichert hatte, bis 1956 weiter produziert. Bei der spanischen Luftwaffe war sie bis 1976 aktiv.

Technische Daten Heinkel He-111 Typ H-6 (1941 - 1942)
Erstflug: 1935; Spannweite: 22,5 m; Länge: 16,4 m; Höhe: 3,40 m; Flügelfläche: ca. 87,6 qm; Max. Gewicht: 13500 kg; Bombenlast: bis zu 2000 kg (spätere Versionen konnten bis zu 3000 kg tragen); Höchstgeschwindigkeit: ca. 440 km/h; Reichweite: bis zu 1200 km bei voller Zuladung; Besatzung: 5 Mann; Bewaffnung: fünf bewegliche MG; Antrieb: zwei flüssigkeitsgekühlte zwei Junkers Jumo 211 F-1 Motoren mit je 1.300 PS; Dienstgipfelhöhe: 8000 m; Gebaute Stückzahl: ca. 7300 (alle Versionen)

Junkers Ju-52 / 3 m

Die Junkers Ju-52 gehört zu den berühmtesten Flugzeugen, die je gebaut wurden. Als Grundlage für die Entwicklung diente die einmotorige Ju-52/1m (Erstflug September 1930). Die weiterentwickelte dreimotorige Version Ju-52/3m flog erstmals im März 1932. Sie wurde aufgrund ihrer Zuverlässigkeit schnell zum Standardflugzeug in der noch jungen Verkehrsluftfahrt und flog bald bei mehr als 30 Luftverkehrsgesellschaften in 25 Ländern. Später diente sie bei der Luftwaffe insbesondere als Transportflugzeug. Nach dem Kriegsende wurden bis 1949 in Spanien und Frankreich noch mehrere hundert Maschinen dieses Typs produziert (als CAAC.1 »Toúcan« bzw. CASA 352). Einige Ju-52 fliegen noch heute.

Ihren ersten Einsatz als Militärflugzeug hatte die Ju-52 in Spanien. Nach dem Ausbruch des Bürgerkriegs am 17. Juli 1936 nutzten viele europäische Staaten die Gelegenheit, durch die Unterstützung der einen oder der anderen Seite ihre militärische Ausrüstung unter Kriegsbedingungen zu erproben. Deutschland entsandte zunächst 20 Ju-52 für Transportzwecke und sechs der damals bereits veralteten He-51 Doppeldecker als Jagdflugzeuge zur Unterstützung der Nationalspanier unter General Franco. Kurz darauf wurde die »Legion Condor« aufgestellt, die u.a. über 36 zu Behelfsbombern umgebaute Ju-52 verfügte. Später kamen zusätzlich der Sturzkampfbomber Ju-87, die mittleren Horizontalbomber He-111, Ju-86 und Do-17 sowie ab 1939 auch die Bf-109 zum Einsatz.

Bei der Luftwaffe war die Ju-52 während des gesamten Zweiten Weltkriegs das wichtigste Transportflugzeug. Sie transportierte Nachschub, flog Verwundete aus und brachte Fallschirmjäger an ihren Einsatzort. Sie konnte auf kurzen, nur wenig befestigten Rollbahnen starten und landen und glänzte durch große Zuverlässigkeit. Von Nachteil war jedoch die geringe Nutzlast, die bei voller Betankung nur ca. 1500 kg betrug. Da zudem meist nur wenige Maschinen verfügbar waren, konnte die Nachschubversorgung aus der Luft meist nur unzulänglich erfolgen. Das dramatischste Beispiel hierfür ist sicherlich die Schlacht um Stalingrad, als das schlechte Wetter und die zu geringe Transportkapazität das Ende der eingeschlossenen 6. Armee besiegelten.

Die auf der gegenüberliegenden Seite und oben links gezeigten Ju-52 sind im Technik Museum Sinsheim ausgestellt, die Maschine oben rechts steht in der Raumfahrthalle im Technik Museum Speyer. Dort befindet sich in der Liller Halle auch noch ein weiteres Exemplare, das auf den folgenden Seiten ausführlich beschrieben wird.

Technische Daten Junkers Ju-52 / 3 m

Erstflug: 1932; Spannweite: 29,25 m; Länge: 18,90 m; Höhe: 4,60 m; Flügelfläche: 110,5 qm; Leergewicht: 5900 kg; Max. Gewicht: 10000 kg; Nutzlast: ca. 1500 kg; Höchstgeschwindigkeit: 300 km/h; Reisegeschwindigkeit: 190 km/h; Reichweite: 1500 km; Besatzung: 4 Mann und bis zu 15 vollausgerüstete Soldaten; Antrieb: 3 luftgekühlte BMW 132 T 9-Zyl.-Sternmotoren mit je 660 PS; Hersteller: Junkers in Deutschland, SNCASO in Frankreich, CASA in Spanien; Produktion: ca. 5000 Stück

Die Ju-52 in der Liller Halle des Technik Museum Speyer hat eine bewegte Vergangenheit. Am 11. April 1940 flog sie mit 12 anderen Maschinen voll beladen mit Nachschub für die deutschen Truppen von Neumünster nach Narvik. Dieser Flug war ein Akt der Verzweiflung. Die deutschen Truppen in Norwegen benötigten dringend Nachschub, die Flugstrecke war aber so weit, dass der Kraftstoff nur für den Hinflug reichte. Die Maschinen mussten somit bereits beim Start als verloren betrachtet werden.

Da es am Zielort keinen Flugplatz gab, erfolgte die Landung auf dem zugefrorenen Hartvigvannsee. Zwei Maschinen hatten sich verflogen, so dass schließlich elf der Ju-52 auf dem verschneiten Eis des Hartvigvann landeten, wobei zwei Flugzeuge zu Bruch gingen. Der Nachschub wurde entladen und die Mission war damit erfüllt. Eine Maschine konnte mit den Treibstoffresten aus den anderen Flugzeugen wieder startklar gemacht werden. Sie verflog sich aber und landete in Schweden, wo die Besatzung interniert wurde. Die restlichen zehn Maschinen wurden aufgegeben, acht davon versanken mit der Schneeschmelze im See. Die Besatzungen verkleideten sich als Zivilisten und gelangten unerkannt über Schweden zurück nach Deutschland. Im Sommer 1983 wurde eines der Flugzeuge aus dem See geborgen und später in das Museum Speyer gebracht.

Bilder links: Zwei der aufgegebenen Ju-52 nach der Landung auf dem Hartvigvannsee. Die Maschine oben hatte eine Bruchlandung hingelegt. Bild rechts oben: Der Rumpf der im Museum Speyer gezeigten Ju-52 nach der Bergung aus ca. 50 Meter Tiefe. Das Flugzeug hatte die Liegezeit unter Wasser sehr gut überstanden. Die Bilder darunter zeigen den Transport des bereits teilweise restaurierten Flugzeugs in das Museum.

Junkers Ju-87

Der Sturzkampfbomber (»Stuka«) Junker Ju-87 passte hervorragend in das Konzept, das dem Aufbau der Luftwaffe nach 1933 zugrunde lag. Für die unmittelbare Unterstützung der Bodentruppen waren Horizontalbomber nur bedingt sinnvoll, da die Treffergenauigkeit zu gering war. Was man brauchte war ein Kampfflugzeug, das punktgenau mit einer möglichst geringen Anzahl von Bombenwürfen Brücken, Eisenbahnlinien, Artilleriestellungen und andere taktisch wichtige Ziele zerstören konnte. Genau dies war der Einsatzbereich der Ju-87. Während des Sturzflugs näherte sich das Flugzeug dem Ziel bis auf wenige hundert Meter, wodurch äußerst präzise Bombenwürfe möglich waren. Damit die abgeworfene Bombe nicht den Propeller beschädigte, wurde sie unmittelbar vor dem Abwurf von einer speziellen Aufhängung am Propellerkreis vorbei geschwenkt. Besonders demoralisierend wirkte bei den Angriffen die eingebaute Sirene, die den Beinamen »Jericho-Trompete« erhielten.

Aufgrund der legendären Berühmtheit der Ju-87 wird die Sturzkampftechnik oft als eine deutsche Erfindung angesehen. Dem ist aber nicht so. Es waren vielmehr amerikanische Versuche mit Sturzkampfbombern die das Interesse der deutschen Luftwaffenführung an dieser Art von Angriffstaktik weckten und schließlich, über verschiedene Zwischenstufen, zur Entwicklung der Ju-87 führten. Im Zweiten Weltkrieg wurden von vielen Nationen Sturzkampfbomber eingesetzt, darunter Großbritannien, Japan und die USA.

Zweckmäßig eingesetzt war die Ju-87 ein hervorragendes Kampfflugzeug. Allerdings war sie relativ langsam, schwerfällig und nur leicht bewaffnet und daher eine leichte Beute für die feindlichen Jagdflugzeuge. Beim Polen- und beim Westfeldzug war dies unproblematisch, da die Luftwaffe binnen weniger Tage die absolute Luftherrschaft erringen konnte. Bei der Luftschlacht um England entwickelten sich die Ju-87-Einsätze aber zu einem Fiasko. Da die deutschen Jäger zu keinem Zeitpunkt die Luftüberlegenheit erringen konnten kam es innerhalb weniger Wochen zu derartigen Verlusten, dass Göring persönlich Anfang August 1940 weitere Einsätze der Ju-87 gegen England verbot.

Im Westen war die Zeit der Ju-87 damit vorbei. Beim Krieg gegen Russland leistete sie jedoch weiterhin hervorragende Dienste. Hier kamen auch spezielle Schlachtflugzeug-Versionen zum Einsatz, die u. a. mit 3,7-cm-Kanonen zur Panzerbekämpfung ausgerüstet waren. Die immer stärker werdende russische Luftwaffe läutete dann aber nach 1943 das endgültige Ende des Stukas ein. 1944 wurde die Produktion nach rund 6000 gebauten Exemplaren eingestellt.

Heute existieren nur noch zwei komplett erhaltene Ju-87. Eines befindet sich im Museum of Science and Industry in Chicago (USA), das andere im Royal Air Force Museum in Hendon (Großbritannien). Daneben gibt es noch einige wenige stark beschädigte Exemplare. Bei der Ju-87 im Museum Sinsheim handelt es sich um eine Ju-87 B-2 Werks Nr. 5661, die auf dem Land- und Seeflugplatz Frejus zirka 30 km von St. Tropez entfernt stationiert war. Sie gehörte zum Stuka-Geschwader 77, zweite Gruppe, 4. Staffel. Dies ließ sich durch die Reste des Staffelwappens einwandfrei ermitteln. Nach einem Zusammenstoß mit einer anderen Ju-87 ist sie am 29. April 1943 abgestürzt und im Mittelmeer nahe St. Tropez versunken. Der Bordfunker konnte sich mit dem Fallschirm retten, der Pilot ist bis heute vermisst. 1989 konnte ein vom Museumsverein unterstütztes deutsch-französisches Taucherteam das Flugzeug nahezu komplett aus 90 m Tiefe bergen.

Technische Daten Junkers Ju-87

Erstflug: 1935; Beginn der Serienproduktion: 1936; Spannweite: 13,8 bis 15,25 m je nach Ausführung; Länge: 11,10 m; Höhe: 3,90 m; Flügelfläche: ca. 32 qm; Leergewicht: 2700 kg; Max. Gewicht: bis zu 6585 kg; Bombenlast: zunächst 500 kg, später bis zu 1800 kg; Höchstgeschwindigkeit: ca. 400 km/h; Reichweite mit maximaler Bombenladung: 600 bis 1000 km; Besatzung: 2 Mann; Bewaffnung: zwei starre MG in den Flügeln und ein nach hinten gerichtetes, bewegliches MG, das vom Funker bedient wurde; Antrieb: flüssigkeitsgekühlter 12-Zylinder-V-Motor mit hängenden Zylindern, Junkers-Jumo 211Da mit 1100 PS, (Ju-87 B-1) oder Jumo 211 J mit 1300 PS (Ju-87 D-1, D-5); Dienstgipfelhöhe: 7300 bis 8000 m je nach Typ; Produktion: ca. 6000 Stück

Die im Museum gezeigte Ju-87 wurde 1989 aus dem Mittelmeer geborgen.

Junkers Ju-88

Bei keiner anderen Luftwaffe wurde das Konzept der Sturzkampftechnik so konsequent verfolgt wie bei der deutschen Wehrmacht. Die Vorteile dieser Strategie erscheinen einleuchtend. Strategische Flächenbombardements erfordern große, aufwendige Flugzeuge und einen enormen Materialeinsatz bei verhältnismäßig geringer Effizienz. Der taktische Einsatz kann dagegen mit relativ wenig Material eine hohe Effektivität erreichen, allerdings, und dies ist der große Nachteil, nur in einem eng umgrenzten Operationsgebiet. Die Blitzsiege kurz nach Kriegsbeginn und die verlorene Luftschlacht um England haben gezeigt, was die deutsche Luftwaffe im Zweiten Weltkrieg leisten konnte und was nicht.

Die Ju-88 wurde zunächst als mittlerer Horizontalbomber konzipiert. Der erste Prototyp flog am 21. Dezember 1936. Im Prinzip hätte man bereits ein Jahr später mit der Serienfertigung beginnen können, aber Ende 1937 erweiterte das Reichsluftfahrtministerium seine Forderungen für den neuen Bomber: Sturzflugfähigkeit durch stärkere Zelle und Sturzflugbremsen, Bewaffnung nach hinten, Sichtkuppel im Rumpfbug, wahlweise Umrüstung für größere Nutzlast oder Reichweite und Platz für vier Mann Besatzung. Insbesondere die Forderung nach Sturzflugfähigkeit verzögerte die Entwicklung erheblich und kostete darüber hinaus vielen Testpiloten das Leben, deren Maschinen bei der Erprobung aufgrund der hohen Belastung auseinander brachen. Erst Ende 1939 konnte die Großserienfertigung anlaufen. Danach erwies sich die Ju-88 aber als eine sehr gelungene Konstruktion, die nicht nur als Bomber, sondern auch als Fernaufklärer und Nachtjäger überzeugte. Die Ju-88 blieb bis Kriegsende in der Produktion und wurde zwischen 1939 und 1945 über 3000 Mal abgeändert. Insgesamt entstanden ca. 15000 Stück. Damit war die Ju-88 der meistgebaute Bomber der Luftwaffe im Zweiten Weltkrieg. Nur wenige Exemplare sind erhalten geblieben. Das Museumsstück wurde 1986 aus einem schwedischen See geborgen.

Technische Daten Junkers Ju-88

Die Ju-88 wurde in zahlreichen Versionen gefertigt. Die hier aufgeführten Daten gelten für die Bomberversion A-1 von 1940
Spannweite: 18,25 m; Länge: 14,35 m; Höhe: 5,30 m; Flügelfläche: ca. 52,5 qm; Max. Gewicht: 10400 kg; Bombenlast: bis zu 2500 kg; Höchstgeschwindigkeit: ca. 450 km/h; Reichweite: bis zu 1500 km; Besatzung: 4 Mann; Bewaffnung: drei bis vier MG 15; Antrieb: zwei flüssigkeitsgekühlte Junkers Jumo 211 B-1 Motoren mit je 1.175 PS; Dienstgipfelhöhe: 9350 m

Die im Technik Museum Sinsheim ausgestellte Ju-88 war zuletzt in Bardufoss in Nordnorwegen stationiert und operierte mit einer streng geheimen Radarausrüstung über dem Nordmeer, um Geleitzüge aufzuspüren. Am 2. Mai 1945, also nur wenige Tage vor dem Kriegsende, wurde die Maschine von zwei britischen Jagdflugzeugen angegriffen und schwer beschädigt. Mit knapper Mühe und Not gelang dem Piloten mit dem Flugzeug, bei dem sich auch das Fahrwerk nicht mehr bewegen ließ, eine Bauchlandung auf dem zugefrorenen Torneträsk-See in Schweden. Da die Radarausrüstung nicht in feindliche Hände gelangen sollte, sprengte die Besatzung die Pilotenkabine. Danach ergab sie sich den inzwischen herbeigeeilten schwedischen Soldaten und wurde bis September 1945 interniert. Die notgelandete Maschine versank bei der Eisschmelze auf den Grund des Sees. Vermutlich wäre sie dort auch für alle Zeiten geblieben, wenn nicht der Hobbytaucher und Polizist Roine Norström vierzig Jahre später von der Notlandung gehört hätte. Nach einem genauen Studium der verfügbaren Unterlagen tauchte er in den See hinab und fand die gut erhaltenen Überreste des Flugzeugs in 25 Meter Tiefe. Ein schwedisches Mitglied des Museumsvereins informierte dann die Museumsleitung über den spektakulären Fund. Im April 1986 wurde das Flugzeug schließlich aus dem See geborgen, nach Sinsheim transportiert und aufwendig restauriert.

Messerschmitt Me-109

Anfang 1934 schrieb das Technische Amt im Reichsluftfahrtministerium einen Auftrag zur Entwicklung eines modernen Jagdeinsitzers aus. Man forderte einen in Ganzmetallbauweise ausgeführten Tiefdecker mit einziehbarem Fahrwerk und 650-PS-Reihenmotor. Die Höchstgeschwindigkeit der neuen Maschine sollte möglichst nicht unter 450 km/h liegen. Als Angriffsbewaffnung forderte man den Einbau von zwei MG und einer Kanone. Vier Herstellerfirmen wurden aufgefordert, sich an der Neuentwicklung zu beteiligen. Arado, Heinkel, Focke-Wulf und die Bayerischen Flugzeugwerke (BFW), deren technischer Leiter der Flugzeugkonstrukteur Willy Messerschmitt war. Als Ausgangsmuster nutzte man bei BFW das viersitzige Reiseflugzeug Bf-108 »Taifun«, einen modernen Ganzmetall-Tiefdecker mit einziehbarem Fahrwerk.

Versuche mit der neuen Maschine mit der Bezeichnung Bf-109 V1 begannen im Frühjahr 1935. Das im Oktober 1935 durchgeführte Vergleichsfliegen in Travemünde endete mit einem überraschenden Ergebnis, denn in ihren Leistungen war die He-112 von Heinkel der Bf-109 nahezu gleichwertig. Letztlich entschied sich das Technische Amt der Luftwaffe aber für die BF-109. Im Jahr 1938 beschloss man, die Bayerischen Flugzeugwerke in Messerschmitt AG umzubenennen. Entsprechend erhielten die Messerschmitt-Konstruktionen danach das Kürzel »Me« anstatt »Bf«.

Wie die He-111 und die Ju-88 kam auch die Me-109 ab 1937 im Spanischen Bürgerkrieg zum Einsatz. Sie war dort allen Gegnern überlegen und wurde schnell zum Standardjäger der deutschen Luftwaffe.

Während des Krieges wurde die Me-109 ständig weiter verbessert und blieb bis zum Kriegsende ihren Gegnern ebenbürtig. Insgesamt entstanden von diesem Flugzeugtyp bis Mai 1945 über 30 000 Exemplare. Danach wurde das Flugzeug noch bis 1958 in Spanien weitergebaut.

Die Me-109 auf der gegenüberliegenden Seite befindet sich im Technik Museum Sinsheim. Sie stammt aus spanischer Produktion und wirkte u. a. beim Film »Die Luftschlacht um England« mit. Das oben gezeigte Flugzeug steht im Technik Museum Speyer. Dieses Exemplar gehört zu einer Serie von 1 242 Me-109 G-4 und ist die einzige existierende Maschine dieser Baureihe auf der Welt.

Das Museumsstück wurde 1943 in Wien gebaut und vom Jagdgeschwader 52 an der Ostfront eingesetzt, wo sie am 20. März 1943 über dem Schwarzen Meer Motorschaden erlitt. Nach 45 Jahren wurde die Maschine 1987 geborgen. Im Jahr 1995 begann eine dreijährige, mühevolle Restauration in Italien. Im Juni 2001 gelang es der Traditionsgemeinschaft Jagdgeschwader 52 & Luftwaffen - JG 52 - Museum e.V. die Maschine nach Speyer zu holen.

Technische Daten Messerschmitt Me-109 G6
Spannweite: 9,97 m; Länge: 8,95 m; Höhe: 2,60 m; Flügelfläche: ca. 16,4 qm; Max. Gewicht: 3 500 kg; Bewaffnung: Zwei 13 mm-MG MG 131 (je 300 Schuss) und eine 20 mm-MK MG 151/20 (150-200 Schuss) oder eine 30 mm-MK MK 108 (60-65 Schuss) durch die Propellernabe feuernd. Dazu verschiedene Rüstsätze für Unterflügelrohrwaffen (MG 151/20, MK 108), Raketen und Bombenträger (50, 250, oder 500kg Bomben); Höchstgeschwindigkeit: ca. 640 km/h; Reichweite: bis zu 800 km (1 000 km mit Zusatztank); Antrieb: Flüssigkeitsgekühlter Daimler-Benz DB 605A-1 V12-Motor mit hängenden Zylindern, ca. 1475 PS; Dienstgipfelhöhe: 11 000 m; Gebaute Stückzahl: ca. 32 000 in 40 Varianten

Focke-Wulf Fw-190

Die von Focke-Wulf gebaute Fw-190 war das zweite große deutsche Jagdflugzeug im Zweiten Weltkrieg. Der Erstflug dieser hochmodernen Maschine erfolgte am 1. Juni 1939, ab 1941 kam sie an allen Fronten zum Einsatz. Aufgrund ihrer hervorragenden Flugeigenschaften und dem starken, luftgekühlten BMW-Motor war sie bei ihrem Erscheinen selbst den englischen Spitfire-Jägern überlegen. Erst mit der im Frühjahr 1943 eingeführten Spitfire LF IX, die insbesondere als Antwort auf die Fw-190 entwickelt wurde, verfügte die britische Luftwaffe über einen ebenbürtigen Jäger. Außer als Jagdflugzeug wurde dieser Flugzeugtyp auch sehr erfolgreich als Jagdbomber eingesetzt. Aufgrund ihrer starken Konstruktion konnte die Fw-190 eine Bombenlast von bis zu 1000 kg tragen.

Technische Daten Focke-Wulf Fw 190 A-3 (1942)
Spannweite: 10,51 m; Länge: 8,85 m; Höhe: 3,95 m; Flügelfläche: ca. 18,3 qm; Max. Gewicht: 3500 kg; Bewaffnung: zwei 20 mm MG 151/20E (je 250 Schuss) sowie optional zwei 7,92 mm MG 17 (je 900 Schuss) oder zwei 20 mm MG FF/M (je 90 Schuss); Bombenlast: bis zu 1000 kg; Höchstgeschwindigkeit: ca. 640 km/h; Reichweite: bis zu 1000 km; Antrieb: BMW 801D-1 Doppelsternmotor mit ca. 1700 PS in Meereshöhe; Dienstgipfelhöhe: 10300 m; Gebaute Stückzahl: ca. 20000

Aircraft - English Summaries

Introduction

While the members of the army took comparatively long to abandon their scepticism against motorized units, technological progress in airplane construction was quickly used for military purposes, which was definitely also due to the fact that this was an altogether new arm of the service, and no handed down traditions had to be overcome for its introduction. Due to inadequate weapons and a limited payload the main task of the fledgling air force consisted at first of reconnaissance deployment. In response to that, the first fighter planes appeared before long whose purpose it was to shoot down enemy reconnaissance craft. A first breakthrough to a fully adequate fighter plane came in 1915 with the Fokker E III. In this type it was accomplished for the first time to precisely synchronize a machine gun mounted on the engine cowling with the engine in a way that permitted shooting through the propeller circle without any damage to the propeller itself. After 1916 the reconnaissance of enemy craft lost its significance as the battles on the Western Front had long since turned into trench warfare. The objective shifted to bombing, therefore, where besides explosive bombs, fire bombs were also dropped on civilian targets for the first time.

After 1918 the Versailles Treaty banned Germany from building or owning military aircraft. Just like with armed tanks this ban was first circumvented in a way that the Reichswehr, in the framework of a cooperation with the Soviet Army, was running training camps in Russia where German soldiers could learn the use of weapons that the Reichswehr was not allowed to have. Furthermore, in spite of all restrictions, civil aviation opened the possibility to the German aircraft industry to participate at least in the most significant technological developments in the field of aircraft construction. This way in 1933 a certain basis at least was existing upon which the new rulers could lean on for the organization of the German air force (Luftwaffe).

The air force command was aware of the fact that both, the limited production capacities of the German aircraft industry as well as the shortage of raw material restricted the possibilities of rearmament in a significant way. The task consisted, therefore, of adapting the strategic concept of the Luftwaffe to the industrial possibilities. This is an extremely important aspect to be considered when judging the achievements and technological equipment of the Luftwaffe in World War II. Since the development of a fully mature aircraft will take many years to complete the decision in favor of a certain type of craft has a great deal of consequences as, after the outbreak of a war, it will be as good as impossible to correct any planning mistakes for lack of time. The main decision of general principle was that, right from the outset, the Lufwaffe was considered to be a support weapon for the army. It was thus planned and equipped for tactical tasks exclusively. The implementation of strategic operations, i.e. to overcome targets of war by the Luftwaffe alone was not in the plan. To achieve this a great number of heavy bombers and long distance fighter planes would have been required which the German aircraft industry could not supply at short notice. The triumphs but also the failures of the Luftwaffe in World War II were a direct result of this, basically, absolutely correct decision of general principle with an orientation to feasibility. After the mission of the Luftwaffe had been laid down one proceeded to select the airplanes suitable for these tasks. Contrary to the army, where a multitude of parallel developments and a rich variety of different types and models of vehicles created a hopeless confusion, the Luftwaffe restricted its efforts to a few models only which were built in great numbers. At the outbreak of war in 1939, basically but 6 types of aircraft with clearly defined areas of responsibility were deployed by the Luftwaffe, namely the single-engine fighter BF-109, the twin-engined fighter or destroyer Bf-110, respectively, the medium horizontal bombers He-111 and Do-17, the dive-bomber Ju-87 as well as the transport plane Ju-52.

In the first year of the war the tactical concept of the Luftwaffe worked out as planned. In both the Polish and the Western campaigns the Lufwaffe was deployed as planned lending a substantial contribution to the rapid success. But the turning point was marked already with the so-called »Battle of Britain« between July and October of 1940. Now, all of a sudden, the Luftwaffe was expected to shoulder a strategic task by decisively undermining the English defence stamina in long lasting blanket bombing. For this purpose, however, and from the reasons outlined above the Luftwaffe was lacking sufficient means. Correspondingly immense was the resulting defeat. In the subsequent Russian campaign the Luftwaffe was facing the same problems as the army. Although the deployment was now organized once more according to the original tactic concept, the targets of war were out of all proportion to the available means.

Starting in 1941 a new dilemma became apparent, namely the inability to introduce better planes in sufficient numbers. This failure of the German aircraft industry was partly due to misplanning, but in part also because it was simply impossible to get new developments ready to go into production under war conditions. In fact, after 1939 only two models were launched with the Luftwaffe on a large scale, namely the bomber Ju-88 and the Fw-190 designed as a fighter plane and fighter bomber.

While it was possible to compensate the resulting deficiency to some extent in the East the situation in the West became more and more dramatic, particularly after America had joined the war. It was only in the field of single-engine fighters that the Luftwaffe succeeded by constant improvements of the Bf-109 and the Fw-190 in equalling the American and English fighter planes to a certain extent at least, up to the end. The number of units available, however, was far too inadequate. As of 1943 the Western Allies succeeded in gaining absolute air supremacy wherever they wanted. Only the occasional success of respect was possible at best against hordes of massively armed bombers that systematically destroyed German cities. As with the other parts of the Wehrmacht as well it was only a matter of time for the Luftwaffe, too, until the deficiency of material would lead to a total defeat.

Junkers Ju-52

The Junkers Ju-52 is one of the most famous airplanes ever built. She was based on the single-engine Ju-52/1m (first flight September of 1930). The further developed triple-engine version Ju-52/3m absolved her first flight in March of 1931. Due to her reliability she quickly became a standard plane of the fledgling civil freight aviation. The Ju-52 was first deployed as a military plane in the Spanish Civil War. For the Luftwaffe she was the most important transport plane throughout the entire Second World War. She transported supplies, airlifted wounded soldiers and brought paratroopers to their destinations of action. She was able to start and land on short, practically unsurfaced runways and shone by great reliability. Her disadvantage, however, was the deficient payload which, fully fuelled, came up to about 1,500 kg only. The Ju-52 on exhibit in the Liller Halle of the Technik Museum Speyer (see picture; there is one more in the space flight hall and two more in the Museum Sinsheim) can look back on an eventful past. On 11 April 1940 it was flying with 12 other craft from Neumünster via Oslo to Narvik. This flight was an act of despair. The German troops in Norway were in urgent need of supplies but the distance was so far that the fuel was sufficient for the outward flight only. The planes thus had to be considered lost at take-off already. Since there was no airfield at the place of destination touch down was made on the frozen Lake Hartvigvann. The supplies were unloaded and with that the mission was completed. One of the planes was made ready for take-off with the fuel remnants from the other craft. The remaining ten airplanes were abandoned; eight of them went down into the lake when it was thawing. The crews disguised as civilians and, this way, succeeded in returning undetected to Germany via Sweden. In summer of 1983 one of the planes was salvaged from the lake and later brought to the Museum Speyer.

Junkers Ju-87

The dive bomber (»Stuka«) Junkers Ju-87 was a perfect match for the concept on which the build-up of the Lufwaffe after 1933 was based. For an immediate support of ground forces horizontal bombers were of limited use only because of poor accuracy. The item required was a fighter plane able to hit bridges, railway lines, artillery bases and other tactically significant targets dead-on while dropping off as few bombs as possible. This was the very sphere of operation of the Ju-87. Effectively deployed the Ju-87 was an excellent fighter plane. On the other hand she was comparatively slow, clumsy and equipped with light weapons only and therefore an easy prey for enemy fighters. In the Polish and Western campaigns this created no problems since the Luftwaffe succeeded in winning air supremacy within a few days. In the Battle of Britain, however, the Ju-87-operations turned into a fiasco. Since the German fighters were not able at any time to gain air supremacy, the losses suffered in a few weeks only resulted in an order that prohibited deployment of the Ju-87 against England as of early August of 1940. In the West the times of the Ju-87 thus were over. In the Russian campaign, however she continued to be of excellent and valuable service. The craft on exhibit at the Museum Sinsheim is a Ju 87 B-2 model of 1940. The plane was part of the Stuka squadron 77, second platoon, 4th unit. On 29 April 1943 it collided with another Ju-87 and sank into the Mediterranean near St. Tropez. In 1989 a German-French diving crew, supported by the Museum Society, succeeded in salvaging the plane in nearly complete condition from a depth of 90 m.

Junkers Ju-88

No other air force was so consequent in pursuing the concept of dive-fighting technique as the German Wehrmacht. The advantages of this strategy were obvious. Strategic blanket bombing requires big, sophisticated airplanes and an enormous input of material for a comparatively insubstantial effectiveness. A tactical operation, on the other hand, can achieve high efficiency with a comparatively small amount of material, albeit - and this is the great disadvantage - in a closely confined area of operation only. The blitz-victories shortly after the beginning of the war and the lost Battle of Britain showed what the German Luftwaffe was able to achieve in World War II, and what not. At first the Ju-88 was designed as a medium horizontal bomber. The first prototype took to the air on 21 December 1936. In principle, series production could have been started one year later already, but late in 1937 the Reichsluftfahrtministerium (ministry of aeronautics) extended their demands on the new bomber: diving capacity by means of a stronger airframe and diving brakes, rear armament, lookout dome at the nose of the fuselage, optional re-equipment for greater payload or range and room for a crew of four. The demand for diving capacity, in particular, contributed to severely delaying the development and, on top of that, took the lives of many test pilots whose planes broke apart in testing due to the great strain. It was not until 1939 that large series production could be started. Thereafter the Ju-88 proved to be a great success which was convincing not only as a bomber but as a long distance reconnaissance plane and a night fighter as well. The Ju-88 remained in production up to the end of the war and, between 1939 and 1945, was modified more than 3,000 times. About 15,000 units were built altogether. But few specimen remained in existence. The exhibit in the Museum was salvaged from a lake in Sweden in 1986.

Heinkel He-111

In the early 1930s the German Lufthansa was looking for a new type of plane for a crew of two and about 10 passengers, whereupon Heinkel began developing the He-111 in 1934. Since it was foreseeable that the Lufthansa commission would not be sufficient to cover the development costs the craft was also planned as a bomber right from the outset. The first flight took place on 24 February 1934. Starting in January of 1937, 30 craft of the Type B 1 were deployed in the Spanish Civil War. The He-111 soon became the standard bomber of the German Luftwaffe. With a maximum payload of 3,000 kg she can be classified as a medium bomber. The German Luftwaffe, however, considered her a heavy bomber from the simple reason that, until shortly before the end of the war, no serious efforts were made to develop a genuine heavy four-engined bomber. As a comparison: the American B17 and the British »Lancaster« could transport bomb loads of up to 6,000 or 10,000 kg, respectively. A serious attempt at a strategic aerial warfare with blanket bombing was made by the German Luftwaffe during the Battle of Britain only. It soon turned out, however, that the available planes were unsuited for that purpose. Due to her light armament, after 1941, the He-111 was no longer suited either for deployment in the West. In Russia, however, she kept on to serve well. After the end of the war the Spanish CASA company, who had secured the licence rights during the war already, continued to produce the He-111 until 1956. With the Spanish air force she was in active service until 1976.

Focke-Wulf Fw-190

The Fw-190 built by Focke-Wulf was the second famous German fighter plane in World War II. The first flight of this state-of-the-art craft took place on 1 June 1939, as of 1941 she was deployed on all fronts. Due to her excellent aeronautical qualities and the powerful, air-cooled BMW-engine she was superior even to the British Spitfire-fighters when she made her first appearance. Only in spring of 1943 with the introduction of the Spitfire LF IX, which had been developed in particular as a riposte to the Fw-190, the British air force now had a fighter of equal capacity. Apart from deployment as fighter this type was also used highly successfully as a fighter bomber. Due to her strong airframe the Fw190 could carry a bomb load of up to 1,000 kg.

Messerschmitt Me-109

Early in 1934 the Department for Technology at the Reichsluftfahrtministerium invited tenders for the development of a modern single-seater fighter. Requested was a full-metal structure low-wing plane with retractable landing-gear and a 650 hp in-line engine. The maximum speed of the new craft should not be less than 450 km/h, if possible. As attack weapons the installation of one big gun and two additional machine guns was required. Four companies were invited to participate in the new development. Arado, Heinkel, Focke-Wulf and the Bayerische Flugzeugwerke (BFW) whose director of technology was the airplane designer Willy Messerschmitt. As a starting specimen the people at BFW were using the four-seater commercial plane Bf-108 »Taifun«, a modern full-metal low-wing plane with retractable landing gear. Trial runs with the new plane, known as Bf-109 V1, started in spring of 1935. The competitive flight to compare the individual models took place in October of 1935 in Travemünde and ended with a surprising result for, in their performance the He-112 by Heinkel and the Bf-109 were as good as equal. But ultimately, the Department of Technology decided in favor of the Bf-109. In 1938 it was decided to rename the Bayerische Flugzeugwerke into Messerschmitt AG. Correspondingly the Messerschmitt-designs thereafter were given the symbols »Me« instead of »Bf«. Just as the He-111 and the Ju-88, as of 1937 the Me-109 was also deployed in the Spanish Civil War, where she was superior to all adversaries and soon became the standard fighter of the German Luftwaffe. The Me-109 was constantly revised and improved during the war and proved equal to her adversaries until the war ended. Until May of 1945 a total number of about 32,000 units were built. Thereafter production of the plane continued in Spain until 1958. The Me-109 shown here is stationed at the Museum Speyer, a further Me-109 is at the Museum Sinsheim. The specimen on exhibit in Speyer belongs to a series of 1,242 units of Me-109 G-4 and is the only specimen of this series still in existence. The Museum exhibit was built in Vienna in 1943 and deployed by the Fighter Squad 52 at the Eastern Front where it came down with engine failure over the Black Sea on 20 March 1943. The craft was salvaged in 1987. A painstaking restoration that took three years began in Italy in 1995. In June of 2001 the traditionalist society Traditionsgemeinschaft Jagdgeschwader 52 & Luftwaffen – JG 52 – Museum e.V. succeeded in bringing the plane to Speyer.

Index